できる®
Outlook 2016

Windows 10/8.1/7 対応

山田祥平&できるシリーズ編集部

インプレス

できるシリーズはますます進化中！
2大特典のご案内

©インプレス

特典1 操作を「聞ける！」できるサポート

「できるサポート」では書籍で解説している内容について、電話、FAX、インターネット、封書で質問を受け付けています。たとえ分からないことがあっても安心です。

詳しくは……
252ページを**チェック！**

特典2 操作が「見える！」できるネット1分動画

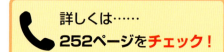

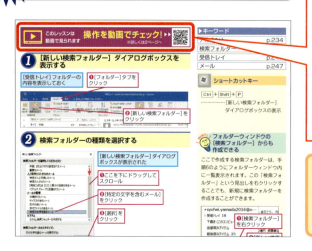

動画だから分かりやすい！

一部のレッスンには、解説手順を見られる動画を用意。画面の動きがそのまま見られるので、より理解が深まります。動画を見るにはスマートフォンでQRコードを読み取るか、以下のURLにアクセスしてください。

動画一覧ページを
チェック！

https://dekiru.net/outlook2016

まえがき

　Outlookはメール、スケジュール、仕事といった個人情報を統合的に管理できるアプリです。これまで紙の手帳で管理してきた個人情報、そして、メールによるコミュニケーションをすべて、このアプリだけで管理運用していくことができます。

　Outlookの最たる特徴は、異なる種類の情報を互いに連携させることができる点にあります。メールによるやりとりを何度か繰り返して会議などの予定が決まり、その予定のために作業が発生し、その作業の進捗状況をメールで知らせるといった、日常的に行っている仕事のプロセスは、すべてOutlook上で管理することができます。

　紙の手帳でやってきたことのすべて、あるいはそれ以上のことがOutlookを使えば、より効率的にできるのです。さらに、そのOutlookをクラウドサービスと連携させることで、スマートフォンやタブレット、あるいはモバイルノートパソコンといったさまざまな機器からも活用できます。過去においては企業のためだけのものだったクラウドによるコミュニケーションサービスが、今や、パーソナルなサービスとして個人でも利用できるようになっています。

　これまでは、1台のパソコンにインストールしたOutlookが扱うデータは唯一無二のものでしたが、データをすべてクラウドに預けておき、複数台のパソコン、さらには、スマートフォンやタブレットなどから参照することで、いつでもどこでもどんな機器でもOutlookで管理している各種情報を扱うことができるのです。

　本書は、一台のWindowsパソコンで使うOutlookの基本的な使い方を一連のレッスンで学べるように構成されています。各レッスンで、Outlookの基本的な使い方をマスターすることができたら、さらに、クラウドサービスと組み合わせることによって、その恩恵を最大限に享受していただければと思います。

　なお、本書はインプレス「できる編集部」との共著となります。編集担当の安福聰氏には執筆に際してさまざまなアドバイスをいただきました。この場を借りてお礼申し上げます。

2016年夏

山田祥平

できるシリーズの読み方

レッスン

見開き完結を基本に、やりたいことを簡潔に解説

やりたいことが見つけやすい レッスンタイトル

各レッスンには、「○○をするには」や「○○って何?」など、"やりたいこと"や"知りたいこと"がすぐに見つけられるタイトルが付いています。

機能名で引けるサブタイトル

「あの機能を使うにはどうするんだっけ?」そんなときに便利。機能名やサービス名などで調べやすくなっています。

キーワード

そのレッスンで覚えておきたい用語の一覧です。巻末の用語集の該当ページも掲載しているので、意味もすぐに調べられます。

左ページのつめでは、章タイトルでページを探せます。

手順

必要な手順を、すべての画面とすべての操作を掲載して解説

手順見出し

「○○を表示する」など、1つの手順ごとに内容の見出しを付けています。番号順に読み進めてください。

解説

操作の前提や意味、操作結果に関して解説しています。

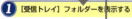

操作説明

「○○をクリック」など、それぞれの手順での実際の操作です。番号順に操作してください。

ショートカットキー

知っておくと何かと便利。キーボードを組み合わせて押すだけで、簡単に操作できます。

HINT!

レッスンに関連したさまざまな機能や、一歩進んだ使いこなしのテクニックなどを解説しています。

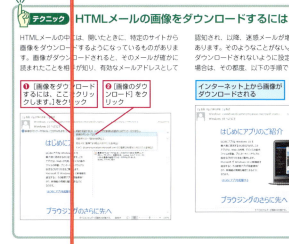

右ページのつめでは、知りたい機能でページを探せます。

テクニック

レッスンの内容を応用した、ワンランク上の使いこなしワザを解説しています。身に付ければパソコンがより便利になります。

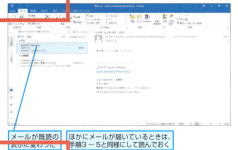

Point
メールが来ていないか定期的に確認しよう

自分宛に届いたメールは、できるだけ頻繁に確認するようにしましょう。相手が返信を求めている場合もあります。自分が送ったメールに対して何日も反応がなければ不安になってしまうこともあるでしょう。メールアドレスを他人に伝えた以上は、自分宛にメールを送った相手の期待に応えるためにも、できるだけ頻繁に、メールをチェックするのがマナーです。パソコンのそばにいるときには、常に、Outlookを起動しておき、新着メールの到着をいち早く知ることができるようにしておきましょう。また、Outlookは自動でメールが受信されますが、新着メールの有無をすぐに確認したいときは、[すべてのフォルダーを送受信]ボタンをクリックしてください。

Point

各レッスンの末尾で、レッスン内容や操作の要点を丁寧に解説。レッスンで解説している内容をより深く理解することで、確実に使いこなせるようになります。

※ここに掲載している紙面はイメージです。
　実際のレッスンページとは異なります

間違った場合は？

手順の画面と違うときには、まずここを見てください。操作を間違った場合の対処法を解説してあるので安心です。

Officeの種類を知ろう

Office 2016は、さまざまな形態で提供されています。ここではパソコンにはじめからインストールされているOfficeと、店頭やダウンロードで購入できるパッケージ版のOfficeについて紹介します。Office 365サービスとともに月や年単位で契約をするタイプと、契約が不要なタイプがあることを覚えておきましょう。このほかに、画面が10.1インチ以下のタブレットにインストールされているOfficeやWebブラウザーで利用できるOffice、Windowsストアから入手できるOfficeがあります。

パソコンにプリインストールされている
Office Premium

さまざまなメーカー製パソコンなどにあらかじめインストールされる形態で提供されます。プリインストールされているOfficeには3つの種類があり、それぞれ利用できるアプリの数が異なります。

常に最新版が使える
パソコンが故障などで使えなくならない限り、永続して利用できます。また、パソコンが利用できる間は最新版へのアップグレードを無料で行えます。

スマホなどでも使える
スマートフォンやiPad、Androidタブレット向けのモバイルアプリを利用できます。スマートフォンとタブレットで、それぞれ2台まで使えます。

1TBのOneDriveが利用可能
1年間無料で1TBのオンラインストレージ（OneDrive）が利用できます。また、毎月60分間通話できるSkype通話プランも付属しています。

●Office Premiumの製品一覧

	Office Professional	Office Home & Business	Office Personal
Word	●	●	●
Excel	●	●	●
Outlook	●	●	●
PowerPoint	●	●	ー
OneNote	●	●	ー
Publisher	●	ー	ー
Access	●	ー	ー

使い方に合わせて選べる
Officeパッケージ製品

1 すべてのサービスが使える
Office 365 Solo

家電量販店やオンラインストアなどで購入できます。一定の契約期間に応じて、利用料を支払って使うことができます。

1,274円から利用できる
1カ月（1,274円）または1年間（12,744円）の契約期間が用意されています。必要な期間だけ利用（契約）することも可能です。

最新アプリが利用可能
契約期間中は常に最新版のアプリを利用でき、新しいバージョンが提供されたときはすぐにアップグレードできます。

複数の機器で使える
2台までのパソコンまたはMacにインストールして利用できます。スマートフォンやタブレット向けアプリも利用可能です。

1TBのOneDriveが付属
契約期間中は1TBのオンラインストレージ（OneDrive）を利用できます。毎月60分のSkype通話プランも付属します。

2 従来と変わらぬ使い勝手
Office Home & Business/
Office Personal 2016

家電量販店やオンラインストアで購入することができます。

Office 2016が常に利用可能
サポートが終了するまでOffice 2016を永続的に利用できます。

15GBのOneDriveが付属
15GBのオンラインストレージ（OneDrive）を利用できます。

2台までのパソコンにインストールできる
同じMicrosoftアカウントでサインインしているパソコンなら、2台までインストールして利用することができます。

目次

2大特典のご案内 ………………… 2
まえがき ………………………… 3
できるシリーズの読み方 ………… 4
Officeの種類を知ろう …………… 6
パソコンの基本操作 ……………… 13

第1章　Outlookの準備をする　　　　　　　　　21

❶ Outlookの特徴を知ろう　＜Outlookでできること＞ …………………… 22
❷ 利用するメールサービスを確認しよう　＜サービスの種類と利用方法＞ …… 24
❸ Microsoftアカウントを新規に取得するには　＜Microsoftアカウント＞ …… 26
❹ Outlookを起動するには　＜Outlookの起動＞ ………………………… 30
❺ メールアカウントを追加するには　＜アカウントの追加＞ ……………… 36
　テクニック Officeを再インストールしたときは ………………………… 39
　テクニック Officeをまめに更新しよう ………………………………… 39
❻ Oulook 2016の画面を確認しよう　＜各部の名称と役割＞ …………… 40
❼ 管理できる情報の種類を確認しよう　＜アイテム、フォルダー、ビュー＞ … 42
❽ Outlookを終了するには　＜Outlookの終了＞ ………………………… 46

　この章のまとめ …………… 48

第2章　メールを使う　　　　　　　　　　　　　　49

❾ メールをやりとりする画面を知ろう　＜受信トレイの役割＞ …………… 50
❿ メールの形式を変更するには　＜テキスト形式＞ ……………………… 52
⓫ メールに署名が入力されるようにするには　＜署名とひな形＞ ………… 54
⓬ メールを送るには　＜新しい電子メール＞ ……………………………… 56
⓭ メールを読むには　＜すべてのフォルダーを送受信＞ ………………… 60
　テクニック 新着メールを確認する更新頻度を変更できる ……………… 61
　テクニック HTMLメールの画像をダウンロードするには ……………… 63
⓮ 届いたメールに返事を書くには　＜返信＞ ……………………………… 64
⓯ ファイルをメールで送るには　＜ファイルの添付＞ …………………… 66

⑯ Webページの URL を共有するには　　＜コピー、貼り付け＞ 68
⑰ 添付ファイルを開かずに内容を確認するには　　＜ワンクリックプレビュー＞ 70
⑱ 添付ファイルを保存するには　　＜添付ファイルの保存＞ 72
⑲ メールを印刷するには　　＜印刷＞ 74
⑳ 迷惑メールを振り分けるには　　＜受信拒否リスト、迷惑メール＞ 76
㉑ メールを削除するには　　＜削除＞ 80
㉒ プロバイダーのメールアカウントを追加するには　　＜POP または IMAP＞ 82
　テクニック　ドコモメールを Outlook で使うには 86

　この章のまとめ............88

第3章　メールを整理する　　　　　　　　　　　　　　89

㉓ たまったメールを整理しよう　　＜メールの整理＞ 90
㉔ メールを色分けして分類するには　　＜色分類項目＞ 92
㉕ メールを整理するフォルダーを作るには　　＜新しいフォルダーの作成＞ 94
㉖ メールが自動でフォルダーに移動されるようにするには
　　　　　　　　　　　　＜仕分けルールの作成＞ 96
　テクニック　仕分けルールは細かく設定できる 98
㉗ メールの一覧を並べ替えるには　　＜グループヘッダー＞ 100
㉘ 同じテーマのメールをまとめて読むには　　＜関連アイテムの検索＞ 102
　テクニック　メールをスレッドごとにまとめて表示できる 102
㉙ 特定の文字を含むメールを探すには　　＜検索ボックス＞ 104
　テクニック　Outlook 全体を検索対象にできる 104
㉚ 色分類項目が付いたメールだけを見るには　　＜電子メールのフィルター処理＞ 106
　テクニック　［検索］タブからも絞り込み検索ができる 107
㉛ さまざまな条件でメールを探すには　　＜高度な検索＞ 108
㉜ 探したメールをいつも見られるようにするには　　＜検索フォルダー＞ 110

　この章のまとめ............112

第4章　予定表を使う　　　　　　　　　　　113

- ㉝ スケジュールを管理しよう　＜予定表の役割＞ ……………………………………… 114
- ㉞ 予定を確認しやすくするには　＜カレンダーナビゲーター、ビュー＞ ………… 116
  - テクニック たくさんの予定を1画面に表示できる ………………………………… 119
  - テクニック 指定した日数分の予定を表示できる …………………………………… 119
- ㉟ 予定を登録するには　＜新しい予定＞ ……………………………………………… 120
  - テクニック 月曜日を週の始まりに設定できる ……………………………………… 121
  - テクニック アラームの初期設定をオフにする ……………………………………… 122
- ㊱ 予定を変更するには　＜予定の編集＞ ……………………………………………… 124
- ㊲ 毎週ある会議の予定を登録するには　＜定期的な予定の設定＞ ………………… 126
- ㊳ 数日にわたる出張の予定を登録するには　＜イベント＞ ………………………… 128
- ㊴ 予定表に祝日を表示するには　＜祝日の追加＞ …………………………………… 130
  - テクニック 暦の表示を切り替えられる ……………………………………………… 131
  - テクニック 祝日を色分類項目に追加できる ………………………………………… 132
  - テクニック 祝日のデータをまとめて削除できる …………………………………… 133
- ㊵ 予定を検索するには　＜予定の検索＞ ……………………………………………… 134
- ㊶ 複数の予定表を重ねて表示するには　＜重ねて表示＞ …………………………… 136
- ㊷ GoogleカレンダーをOutlookで見るには　＜インターネット予定表購読＞ …… 138

　　この章のまとめ…………142

第5章　タスクを管理する　　　　　　　　　　143

- ㊸ 自分のタスクを管理しよう　＜タスクの役割＞ …………………………………… 144
- ㊹ タスクリストにタスクを登録するには　＜新しいタスク＞ ……………………… 146
- ㊺ タスクの期限を確認するには　＜アラーム＞ ……………………………………… 148
- ㊻ 完了したタスクに印を付けるには　＜進捗状況が完了＞ ………………………… 150
  - テクニック 完了したタスクも確認できる …………………………………………… 151
- ㊼ タスクの期限を変更するには　＜タスクの編集＞ ………………………………… 152
- ㊽ 一定の間隔で繰り返すタスクを登録するには　＜定期的なアイテム＞ ………… 154

　　この章のまとめ…………156

第6章　連絡先を管理する　157

㊾ 個人情報を管理しよう　＜連絡先の役割＞……158
㊿ 連絡先を登録するには　＜新しい連絡先＞……160
(51) 連絡先の内容を修正するには　＜連絡先の編集＞……164
(52) 連絡先にメールを送るには　＜電子メールの送信先、名前の選択＞……166
(53) 連絡先を探しやすくするには　＜現在のビュー＞……168
(54) ほかのアプリの連絡先を読み込むには　＜インポート/エクスポートウィザード＞……170
テクニック　Outlookの連絡先をメールに添付して送信できる……173
テクニック　vCardファイルをダブルクリックしてインポートできる……173

この章のまとめ……174

第7章　情報を相互に活用する　175

(55) Outlookの情報を相互に活用しよう　＜アイテムの活用＞……176
(56) メールで受けた依頼をタスクに追加するには　＜メールをタスクに変換＞……178
(57) メールの内容を予定に組み込むには　＜メールを予定に変換＞……180
(58) メールの差出人を連絡先に登録するには　＜メールを連絡先に変換＞……182
(59) 予定の下準備をタスクに追加するには　＜予定をタスクに変換＞……184
(60) 会議への出席を依頼するには　＜会議出席依頼＞……186
テクニック　Outlook 2016以外でも出席依頼に返信できる……188
(61) 会議の議事録を取るには　＜会議のメモ、OneNote＞……190
(62) OneNoteからOutlookのタスクを登録するには　＜Outlookタスク＞……194

この章のまとめ……196

第8章　情報を整理して見やすくする　197

(63) To Doバーを表示するには　＜To Doバー＞……198
テクニック　To Doバーでタスクの登録や予定の確認ができる……199
(64) To Doバーの表示内容を変更するには　＜列の表示＞……200
(65) ナビゲーションバーのボタンを並べ替えるには　＜ナビゲーションオプション＞……202
(66) 画面の表示項目を変更するには　＜ビューのカスタマイズ＞……204

❻❼ 作成した表示画面を保存するには　＜ビューの管理＞……………………………………… 206
❻❽ クイックアクセスツールバーにボタンを追加するには
　　　　　　　　　　　　＜クイックアクセスツールバー＞……………………………… 210
　　テクニック　リボンにあるボタンをクイックアクセスツールバーに追加できる…… 210
　　テクニック　リボンにないボタンも追加できる………………………………………… 211
❻❾ リボンにボタンを追加するには　＜リボンのユーザー設定＞…………………………… 212
　　テクニック　Outlook Todayですべての情報を管理する……………………………… 215
❼⓪ タッチ操作をしやすくするには　＜タッチモード＞……………………………………… 216

　　この章のまとめ………… 218

第9章　企業や学校向けのサービスで情報を共有する　219

❼❶ Outlookの機能をフルに使うには　＜企業、学校向けExchangeサービスの紹介＞……… 220
❼❷ 予定表を共有するには　＜共有メールの送信＞…………………………………………… 222
❼❸ 他人のスケジュールを管理するには　＜他人の予定表を開く＞………………………… 224
❼❹ 他人のスケジュールを確認するには　＜グループスケジュール＞……………………… 226

　　この章のまとめ………… 228

付録1　古いパソコンからメールを引き継ぐには…………………………………………… 229
付録2　Officeをアップグレードするには…………………………………………………… 239

用語集………………………………………………………………………………………………… 242
索引…………………………………………………………………………………………………… 248

できるサポートのご案内………………………………………………………………………… 252
本書を読み終えた方へ…………………………………………………………………………… 253
読者アンケートのお願い………………………………………………………………………… 254

パソコンの基本操作

パソコンを使うには、操作を指示するための「マウス」や文字を入力するための「キーボード」の扱い方、それにWindowsの画面内容と基本操作について知っておく必要があります。実際にレッスンを読み進める前に、それぞれの名称と操作方法を理解しておきましょう。

マウス・タッチパッド・スティックの動かし方

◆マウスポインター
操作する対象を指し示すもの。指の動きやマウスの動きに合わせて画面上を移動する

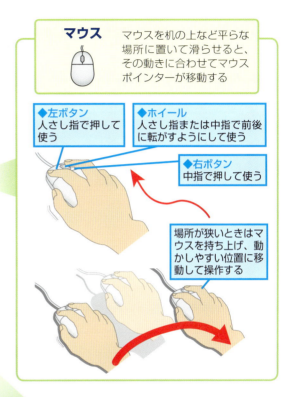

マウス マウスを机の上など平らな場所に置いて滑らせると、その動きに合わせてマウスポインターが移動する

◆左ボタン
人さし指で押して使う

◆ホイール
人さし指または中指で前後に転がすようにして使う

◆右ボタン
中指で押して使う

場所が狭いときはマウスを持ち上げ、動かしやすい位置に移動して操作する

タッチパッド タッチパッドを指でこすると、指の動きに合わせてマウスポインターが移動する

◆左ボタン
左手親指で押して使う

◆右ボタン
右手親指で押して使う

スティック スティックを前後左右斜めに傾けると、その方向にマウスポインターが移動する

◆左ボタン
左手親指で押して使う

◆右ボタン
右手親指で押して使う

マウス・タッチパッド・スティックの使い方

◆マウスポインターを合わせる
マウスやタッチパッド、スティックを動かして、マウスポインターを目的の位置に合わせること

マウス

タッチパッド

スティック

アイコンにマウスポインターを合わせる　アイコンの説明が表示された

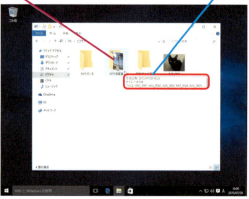

◆ダブルクリック
マウスポインターを目的の位置に合わせて、左ボタンを2回連続で押して、指を離すこと

マウス

タッチパッド

スティック

アイコンをダブルクリック　アイコンの内容が表示された

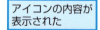
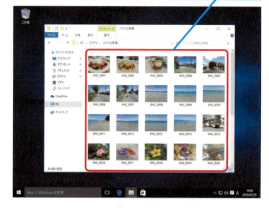

◆クリック
マウスポインターを目的の位置に合わせて、左ボタンを1回押して指を離すこと

マウス

タッチパッド

スティック

アイコンをクリック　アイコンが選択された

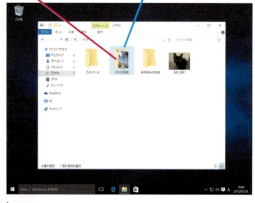

◆右クリック
マウスポインターを目的の位置に合わせて、右ボタンを1回押して指を離すこと

マウス

タッチパッド

スティック

アイコンを右クリック　ショートカットメニューが表示された

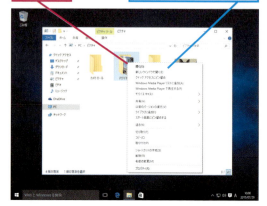

◆ドラッグ
左ボタンを押したままマウスポインターを
動かし、目的の位置で指を離すこと

● ドラッグしてウィンドウの大きさを変える

❶ウィンドウの端に
マウスポインターを
合わせる

マウスポイ
ンターの形
が変わった

❷ここまで
ドラッグ

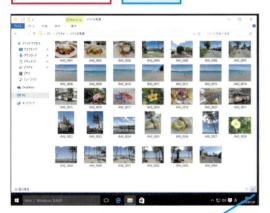

ボタンから指を離した位置まで、
ウィンドウの大きさが広がった

● ドラッグしてファイルを移動する

❶アイコンにマウスポインター
を合わせる

❷ここまで
ドラッグ

ドラッグ中はアイコンが
薄い色で表示される

ボタンから指を離すと、ウィン
ドウにアイコンが移動する

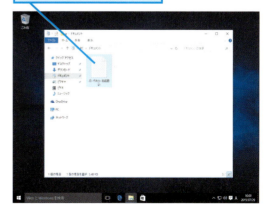

Windows 10の主なタッチ操作

●タップ

指でトンと
1回たたく

●ダブルタップ

指でトントンと
2回たたく

●長押し

項目などを1
秒以上タッチ
し続ける

●スライド

タッチしたまま
指を上下左右に
動かす

●ストレッチ

2本の指を合わせた
状態から広げる

●ピンチ

2本の指を拡げた
状態から合わせる

●スワイプ

指で下から上に画面をはじく

画面の続きが表示された

Windows 10のデスクトップで使うタッチ操作

●アクションセンターの表示

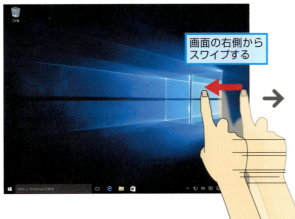
画面の右側からスワイプする

アクションセンターが表示された

●タスクビューの表示

画面の左側からスワイプする

タスクビューに切り替わった

デスクトップの主な画面の名前

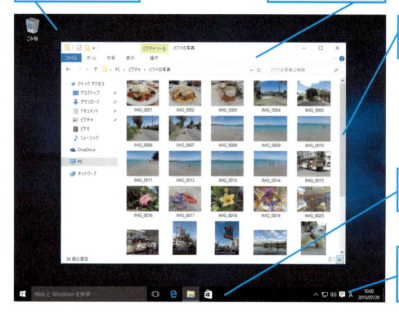

- ◆デスクトップ
  Windowsの作業画面全体
- ◆ウィンドウ
  デスクトップ上に表示される四角い作業領域
- ◆スクロールバー
  上下にドラッグすれば、隠れている部分を表示できる
- ◆タスクバー
  現在の作業の状態がボタンで表示される
- ◆通知領域
  パソコンの状態を表すアイコンやメッセージが表示される

[スタート]メニューの主な名称

- ◆ユーザーアカウント
  パソコンにサインインしているユーザー名が表示される。ロックやサインアウトも実行できる
- ◆よく使うアプリ
  よく利用するアプリのアイコンが表示される
- ◆タイル
  Windowsアプリなどが四角い画像で表示される
- ◆スクロールバー
  [スタート]メニューでマウスを動かすと表示される
- ◆検索ボックス
  パソコンにあるファイルや設定項目、インターネット上の情報を検索できる

ウィンドウの表示方法

ウィンドウ右上のボタンを使ってウィンドウを操作する

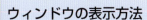

ウィンドウが開かれているときは、タスクバーのボタンに下線が表示される

複数のウィンドウを表示すると、タスクバーのボタンが重なって表示される

●ウィンドウを最大化する

 [最大化]をクリック

↓

ウィンドウが最大化した

ウィンドウが最大化すると、[最大化]は[元に戻す(縮小)]に変わる

●ウィンドウを最小化する

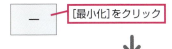 [最小化]をクリック

↓

ウィンドウが最小化した

タスクバーのボタンをクリックすれば、ウィンドウのサムネイルが表示される

●ウィンドウを閉じる

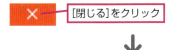 [閉じる]をクリック

↓

ウィンドウが閉じた

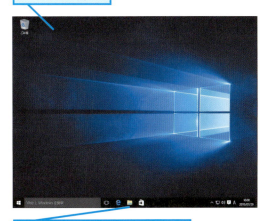

ウィンドウを閉じると、タスクバーのボタンの表示が元に戻る

キーボードの主なキーの名前

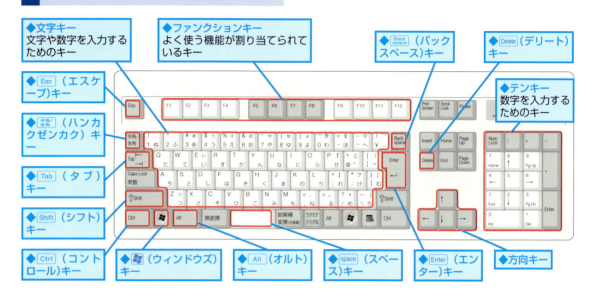

文字入力での主なキーの使い方

※Windowsに搭載されているMicrosoft IMEの場合

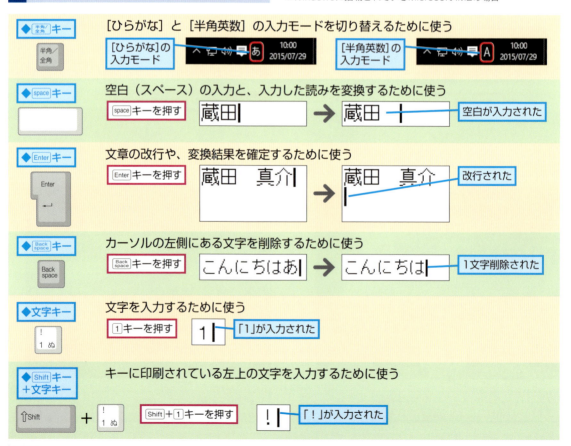

第1章 Outlookの準備をする

Outlookは、毎日の生活の中で生まれる各種の個人情報を管理するためのアプリケーションです。Outlookを使い始めるにあたり、アプリケーションの概要を知っておきましょう。この章では、利用しているパソコンの状況に応じて、Outlookを使い始めるための前準備をします。

●この章の内容
❶ Outlookの特徴を知ろう……………………………………22
❷ 利用するメールサービスを確認しよう……………………24
❸ Microsoftアカウントを新規に取得するには………………26
❹ Outlookを起動するには……………………………………30
❺ メールアカウントを追加するには…………………………36
❻ Outlook 2016の画面を確認しよう…………………………40
❼ 管理できる情報の種類を確認しよう………………………42
❽ Outlookを終了するには……………………………………46

Outlookの特徴を知ろう

Outlookでできること

毎日のスケジュールや仕事、メモ、メールなど、私たちの身の回りにはさまざまな情報があります。ここでは、Outlookでできることをいくつか紹介します。

メールでやりとりする情報を管理できる

Outlookは、メールや連絡先、予定を管理できる高機能なアプリケーションです。プロバイダーのメールやOutlook.comやGmailなどのクラウドサービスを利用できます。Outlookを使えばメールを色分けして分類したり、仕分けルールを利用して特定のメールをフォルダーに自動分類したりすることができます。

▶キーワード

Gmail	p.242
Outlook.com	p.243
アラーム	p.244
仕分けルール	p.245
タスク	p.246
メール	p.247
連絡先	p.247

差出人や内容に応じてメールを整理できる

HINT! ほかのメールとは何が違うの？

Outlookはデスクトップで利用できるメールアプリです。Windows 10にはデスクトップでも使えるメールアプリが標準で用意されています。また、Windows 8.1や7でも使える、メールソフトにはWindows Liveメールなどがありますが、Outlookほど高機能ではありません。Outlookはメールのやりとりだけでなく、予定表やタスク管理、住所録などのデータを扱うことができ、それらを連携して利用できる個人情報管理ソフトなのです。

予定やスケジュールを管理できる

Outlookに予定を入力しておけば、1日単位や週単位、月単位ですぐに確認できます。予定を入力すると、予定時刻の前にアラームが表示されるので大切な予定を忘れてしまうこともありません。メールでやりとりした打ち合わせや会議の約束を確認しつつ、すぐに予定表に画面を切り替えてスケジュールを確認できます。

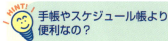
手帳やスケジュール帳より便利なの？

手帳やメモに残した情報は、複製を残すことや更新がしにくいという難点があります。関連情報を転記するのも大変で、重要な情報を見落としてしまいがちです。スケジュール帳の場合、記入スペースが決まっているため、たくさんの用件を書き切れないこともありますが、Outlookを使えばそういったことはありません。また、住所録などを手書きで書くと間違えてしまうことも多く、住所変更時の更新も面倒です。メールの署名などから住所録を作って管理する方がはるかに楽と言えるでしょう。

月単位や週単位など、さまざまな形式で予定を確認できる

スケジュール帳でも予定や作業リスト、住所録などを確認できるが、用件を書き切れない場合があり、更新も面倒

タスク管理に役立つ

Outlookでは、単なる予定の追加や確認だけでなく、特定の期限内にやらなくてはいけない作業や仕事を管理できます。作業のリストや期限を設定し、やらなければいけない作業をOutlookに登録しておけば、自分や周りを取り巻く状況を知り、作業や仕事全体を把握できます。毎週部署やチームで行う会議や打ち合わせなど、定期的なイベントとそれ以外の作業がひと目で確認できて便利です。

Point
個人情報をOutlookで管理しよう

メールを使ってさまざまな情報がやりとりされるようになった現在では、予定や仕事の多くはメールがきっかけで発生するようになっています。メールを起点としたコミュニケーションが多い場合、個人情報は、紙の手帳よりも、パソコンで管理した方が、ずっと便利です。詳しくは第2章以降で解説しますが、Outlookを使えばコミュニケーションと、それに派生する予定や連絡先などを、統合的に管理で

レッスン 2

利用するメールサービスを確認しよう

サービスの種類と利用方法

Outlookを使うにはインターネットを経由したメールを受け取るためのクラウドサービスが必要です。自分が使っているメールサービスを確認しておきましょう。

Outlookが接続できるメールサービス

メールサービスはインターネットに接続するために契約しているプロバイダーが提供するもの、ドコモやauといった携帯電話事業者が提供するもの、MicrosoftやGoogleなどインターネット関連サービス各社が個人用に提供するもの、企業や学校が自前で提供、またはクラウドサービスとして契約しているものなどの形態があります。そのほとんどのメールは、Outlookで読むことができます。それぞれのサービスに特徴があり、メールの設定手順も異なります。

本書で解説している操作は、9章以外は基本的にどのサービスでも利用できますが、特定のサービス向けの解説もあるので、下の図で確認してください。

まだメールアカウントを持っていない方は、レッスン❸でOutlook.comのアカウントを取得してください。

▶キーワード

Gmail	p.242
Outlook.com	p.243
メール	p.247
予定表	p.247
連絡先	p.247

●代表的なメールサービス

Outlook.com
例 ○△×@outlook.jp
Microsoftが提供しているメールサービスで、本書はOutlook.comのサービスを利用することを前提に解説されています
メールの設定方法→レッスン❺

Gmail
例 ○△×@gmail.com
Googleが提供しているメールサービスです。OutlookではGmailはもちろん、Googleアカウントの予定表を読み込むこともできます
メールの設定方法→レッスン㉒

ドコモメール
例 ○△×@docomo.ne.jp
NTTドコモが携帯電話／スマートフォン向けに提供しているメールサービスで、Outlookからもメールを読むことができます

プロバイダーのメールサービス
例 ○△×@xxx.biglobe.ne.jp
　 ○△×@aa2.so-net.ne.jp
インターネットサービスプロバイダーが提供しているメールサービスです
メールの設定方法→レッスン㉒

企業や学校のメール
例 ○△×@（企業名）.co.jp
一部の企業や学校では、Microsoft Exchangeというメールサービスを使っています。このメールサービスはOutlookの便利な機能をフルに使いこなせます
メールの設定方法→レッスン❺
予定表や会議の共有方法→第9章

クラウドで情報を管理しよう

Outlookで扱うメールや個人情報の置き場所は、普段使っているパソコンに置く方法と、クラウドサービスに預かってもらう方法の2種類が用意されています。いろいろな情報をクラウドサービスに置いておけば、パソコンの買い換えや故障などにおいても面倒な移行の作業が必要ありません。

Outlook.comの活用

クラウドサービスにデータを預かってもらうことで、複数台のパソコン、そして日常的に携帯しているスマートフォン、またはタブレットなど、機器やOSを問わずに単一の情報にアクセスできるようになります。本書では、マイクロソフトが提供するOutlook.comのサービスを使い、メールや予定表のデータをクラウドサービスに置くことを前提に説明を進めます。
Windows 10/8.1のサインインに必要なMicrosoftアカウントは、Outlook.comのアカウントとしても使えるほか、新規に取得した場合はメールアドレスとしても使えます。アカウントの例は、26ページ右下にあるHINT!の表も参考にしてください。

クラウドサービスって何？
インターネット上にデータを預け、Webブラウザーやアプリを使って参照できるサービスです。GoogleのGmailや、Yahoo!メール、アップルのiCloudメールなど、さまざまなサービスが無料で提供されています。

Outlook.comって何？
マイクロソフトが提供するクラウドサービスです。本書で紹介しているOutlook 2016との親和性が高く、メールはもちろん、予定表やタスク、連絡先を保存でき、さまざまな機器からそのデータを利用できます。しかも、データの保存容量に制限はありません。

Exchange OnlineならOutlook 2016と完全に連携できる
無料のサービスであるOutlook.comでは、Outlook 2016のすべてのデータをクラウドと連携できるわけではありません。有料サービスであるExchange Onlineなら、Outlook 2016で扱うすべてのデータを扱えます。メモや下書きなどの特殊なフォルダーのデータやTo Doバーのタスクリストなど、Outlookのフル機能を使えます。Exchange Onlineにはいくつかのプランがありますが、一番安いプランでは、1ユーザーあたり月額440円（税抜）で利用できます。

Outlook 2016でメールや連絡先、予定を一括管理する

Outlook.comを介して、パソコンとスマートフォン、タブレットなど複数の機器間で常に最新のメールや連絡先、予定を共有できる

レッスン 3

Microsoftアカウントを新規に取得するには

Microsoftアカウント

このレッスンでは、Outlookで利用するメールアカウントとして、Outlook.comのWebページからMicrosoftアカウントを新規に取得する方法を解説します。

1 Microsoft Edgeを起動する

注意 このレッスンでは、Microsoftアカウントを新規に取得する方法を紹介します。Windows 10/8.1でパソコンの初期設定時にMicrosoftアカウントを取得しているときやMicrosoftアカウントを取得済みの場合は、このレッスンの操作は不要です。このまま次のレッスン❹に進んでください

Windows 8.1でスタート画面が表示されているときは、[デスクトップ]をクリックして、デスクトップを表示しておく

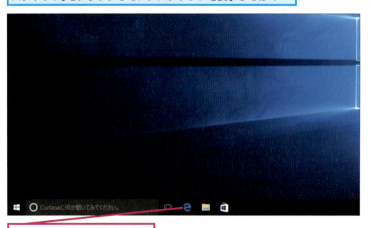

[Microsoft Edge]をクリック

2 Outlook.comのWebページを表示する

❶アドレスバーに下記のURLを入力

❷Enterキーを押す

▼Outlook.comのWebページ
http://outlook.com/

▶キーワード

Microsoftアカウント	p.243
Outlook.com	p.243
アカウント	p.243
サインイン	p.245
パスワード	p.246

 Microsoftアカウントって何？

Microsoftアカウントとは、マイクロソフトが提供するサービスやアプリで利用できるメールアドレスのことです。Microsoftアカウントを取得すると、「syohei_y@outlook.jp」や「syohei_y@outlook.com」といったメールアドレスが利用できるようになり、すぐにOutlook.comのメールサービスやOneDriveなどのクラウドサービスを利用できるようになります。

 以前利用していたアカウントも使える

Windows Live MessengerやHotmailなどのサービスを以前利用していた場合は、利用時に取得していたWindows Live IDをそのままMicrosoftアカウントに利用できます。下の表にあるアカウントを取得済みであれば、新規にMicrosoftアカウントを取得する必要がありません。

●Microsoftアカウントの種類

○△□@hotmail.co.jp
○△□@hotmail.com
○△□@live.jp
○△□@live.com
○△□@outlook.com
○△□@outlook.jp
○△□@msn.com

③ アカウントの作成画面を表示する

ここでは、Microsoftアカウントを
新規に取得する

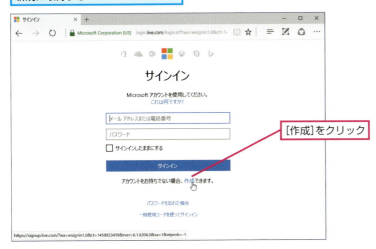

[作成]をクリック

④ ユーザー名を入力する

アカウントの作成画面が
表示された

❶名字を入力
❷名前を入力
❸希望のユーザー名を入力
❹ここをクリックしてドメイン名を選択

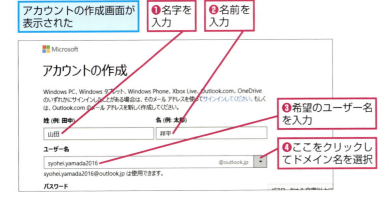

⑤ パスワードを入力する

Microsoftアカウントで利用するパスワードを入力する

パスワードは半角の英数字で、数字や記号などを組み合わせて8文字以上にする

❶希望のパスワードを入力
❷同じパスワードを再度入力

 HINT! 希望のユーザー名をほかの人が取得済みのときは

手順4で［ユーザー名］にメールアカウントのユーザー名を入力したとき、すでに別の人が同じユーザー名を利用しているときは、「このメールアドレスは既に使われています。」というメッセージが画面に表示されます。その場合は、文字や数字を追加して入力し直しましょう。また、 をクリックして、「outlook.com」や「hotmail.com」などのドメイン名（組織やグループ、所属を表す名称）を選んでも構いません。

ほかの人が使っているユーザー名を入力すると、別のユーザー名に変更することを薦めるメッセージが表示される

ユーザー名を削除し、もう一度別のユーザー名を入力し直す

 間違った場合は?

手順1で［エクスプローラー］をクリックしてしまったときは、［閉じる］ボタンをクリックして［Microsoft Edge］をクリックし直します。

次のページに続く

❻ 居住地とユーザー情報を入力する

続けて地域情報と生年月日を入力する

❶ スクロールバーを下にドラッグしてスクロール

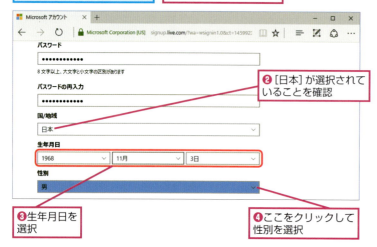

❷ [日本] が選択されていることを確認

❸ 生年月日を選択

❹ ここをクリックして性別を選択

❼ パスワードを忘れたときに利用する情報を入力する

Microsoftアカウントのパスワードを忘れたとき、本人証明に利用する情報を登録する

❶ スクロールバーを下にドラッグしてスクロール

❷ [国コード] が [日本] になっていることを確認

❸ 連絡用のメールアドレスを入力

❹ 画像の文字を入力

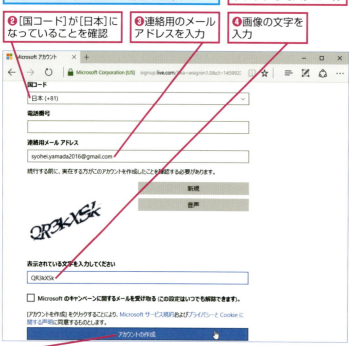

❺ [アカウントの作成] をクリック

 電話番号と連絡用のメールアドレスのどちらを入力すればいいの？

手順7では、Microsoftアカウントを忘れてしまったとき、後からパスワードを再設定するための本人情報を登録します。手順ではメールアドレスしか登録していませんが、連絡用のメールアドレスがないときは[電話番号]に携帯電話の電話番号を入力しましょう。

 なぜ画像の文字を入力するの？

手順7で表示される画像の文字は、パソコンを操作してアカウントを取得しようとしているのがプログラムでなく、人間であることを確認するために表示されます。表示されている画像が分かりにくいときは、[新規]をクリックして、別の画像を表示しましょう。[音声]をクリックすると、画像の文字が読み上げの機能によって自動再生されますが、分かりにくいときは[新規]をクリックして別の画像を表示してください。

 間違った場合は？

手順7で画像と異なる文字を入力したときは、「入力した文字が画像の文字と一致しません。」というメッセージと、別の画像が表示されます。文字と文字の間に空白を入れないように注意して、表示されている画像の文字を入力し直しましょう。

⑧ 受信トレイの一覧を表示する

Microsoftアカウントが登録された

Outlook.comのWebページに、受信トレイに関するメッセージが表示された

[×]をクリック

⑨ 受信トレイが表示された

Outlook.comの受信トレイの一覧が表示された

Webブラウザーを利用してOutlook.comのメールをやりとりできる

Microsoftアカウントを取得できたので、Microsoft Edgeを終了する

[閉じる]をクリック

 Webブラウザーでメールをやりとりできる

手順9で表示されたOutlook.comのWebページでメールをやりとりできます。このレッスンでは、新規に取得したMicrosoftアカウントの受信メールを確認しましたが、Windows 10/8.1の初期設定時にMicrosoftアカウントでのサインインに切り替えていれば、同様の操作で受信メールを確認できます。Webブラウザーを利用してOutlook.comのWebページにアクセスし、Microsoftアカウントでサインインすれば、スマートフォンやタブレットでもメールをすぐに確認できます。

Point

Webブラウザーでも利用できるMicrosoftアカウントを取得しておこう

このレッスンでは、Microsoftアカウントを新規に取得する方法を解説しました。Windows 10で操作していますが、Windows 8.1/7のInternet Explorerでも主な操作方法は変わりません。なお、Windows 10やWindows 8.1の初期設定時にマイクロソフトが提供しているドメインのMicrosoftアカウントを新規に取得している場合は、このレッスンの操作は必要ありません。同様に、今までマイクロソフトが提供するWebサービスを利用していて、Windows Live IDなどを取得済みの場合も新規にMicrosoftアカウントを取得する必要はありません。ただし、Microsoftアカウントにプロバイダーから付与されたメールアドレスを登録している場合は、このレッスンを参考にして、WebブラウザーとOutlookの両方で利用できるMicrosoftアカウントを新規に取得しておきましょう。

レッスン 4

Outlookを起動するには

Outlookの起動

アプリビューからOutlookを起動しましょう。初回の起動時には、初期設定のために、[Microsoft Outlook 2016へようこそ]の画面が表示されます。

第1章 Outlookの準備をする

Windows 10でのOutlookの起動

1 すべてのアプリを表示する

❶ [スタート] をクリック
❷ [すべてのアプリ] をクリック

2 Outlookを起動する

[O] のグループを表示する
❶ ここを下にドラッグしてスクロール

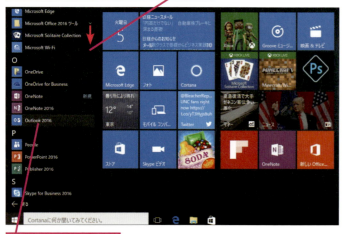

❷ [Outlook 2016] をクリック

▶ キーワード

Microsoft Office	p.243
スタート画面	p.246

 ショートカットキー

[⊞] / [Ctrl]+[Esc]
……………………スタート画面の表示
[Ctrl]+[Tab] ……アプリ画面の表示

HINT! Outlookをデスクトップから起動できるようにするには

Windows 10でOutlookのボタンをタスクバーに登録しておくと、ボタンをクリックするだけで、すぐにOutlookを起動できるようになります。なお、タスクバーからOutlookのボタンを削除するには、タスクバーのボタンを右クリックして、[タスクバーからピン留めを外す]をクリックします。

[スタート]メニューを表示しておく

❶ [Outlook 2016] を右クリック
❷ [その他] をクリック

❸ [タスクバーにピン留めする] をクリック

タスクバーにボタンが表示された

ボタンをクリックすればOutlookを起動できる

30 できる

③ Outlookの起動画面が表示された

Outlook 2016の起動画面が表示された

Microsoftアカウントでサインインしておく利点とは

MicrosoftアカウントでOfficeにサインインしていると、[スタート]メニューやスタート画面の右上にユーザーIDやアカウント画像が表示されます。Microsoftアカウントでサインインしておくと、マイクロソフトのオンラインストレージやOutlook.comなどのサービスをインターネット経由で使えるようになります。Windows 10でユーザー設定がMicrosoftアカウントになっていると、Outlookの起動時にOfficeへのサインインが自動で行われます。

④ Outlookが起動した

Outlookが起動した

初回起動時のみ[Microsoft Outlook 2016へようこそ]の画面が表示される

引き続きレッスン❺で、Outlookの初期設定を行う

次のページに続く

Windows 8.1でのOutlookの起動

1 スタート画面を表示する

[スタート]をクリック

2 アプリビューを表示する

スタート画面からアプリビューに切り替える

ここをクリック

> **HINT!** スタート画面からOutlookを起動するには
>
> スタート画面を表示し、半角英数字の「o」を入力すると検索チャームに該当するアプリ名が表示されます。[Outlook 2016]をクリックすれば、すぐにOutlookが起動します。
>
> スタート画面を表示しておく　「o」と入力
>
>
>
> 検索チャームの[Outlook 2016]をクリックすると、Outlookが起動する

> **HINT!** Outlookのタイルをスタート画面に登録するには
>
> アプリビューを表示しておき、[Outlook 2016]を右クリックしてから[スタート画面にピン留めする]をクリックすれば、スタート画面にOutlook 2016のタイルを登録できます。
>
> アプリビューを表示しておく
>
> ❶ [Outlook 2016]を右クリック
>
>
>
> ❷ [スタート画面にピン留めする]をクリック
>
> Windows 8.1のスタート画面にOutlook 2016のタイルが表示される

③ Outlookを起動する

| アプリビューが表示された | [Outlook 2016] をクリック |

④ Outlookが起動した

| Outlookが起動した | 初回起動時のみ [Microsoft Outlook 2016へようこそ] の画面が表示される |

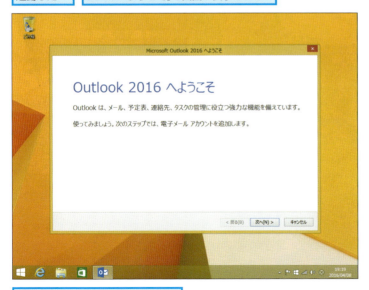

引き続きレッスンで、Outlookの初期設定を行う

Outlookのボタンをタスクバーに登録するには

前ページで紹介したスタート画面への登録と同様の操作で、Outlookのボタンをタスクバーに登録できます。タスクバーにボタンを登録しておけば、デスクトップからすぐにOutlookを起動できます。

| アプリビューを表示しておく |

❶ [Outlook 2016] を右クリック　❷ [タスクバーにピン留めする] をクリック

❸ +Dキーを押す

| タスクバーにOutlookのボタンが登録された |

タスクバーに登録したボタンを削除するには

以下の手順を実行すれば、タスクバーに登録したボタンを削除できます。ボタンが削除されるだけで、Outlookは削除されません。

❶タスクバーのボタンを右クリック　❷ [タスクバーからピン留めを外す] をクリック

次のページに続く

できる 33

Windows 7でのOutlookの起動

1 [すべてのプログラム]の一覧を表示する

❶ [スタート]を
クリック

❷ [すべてのプログラム]を
クリック

2 Outlookを起動する

インストールされているアプリの
一覧が表示された

[Outlook 2016]を
クリック

タスクバーにOutlookの
ボタンを登録するには

[スタート]メニューでタスクバーに登録するアプリ名を右クリックし、以下の手順で操作すれば、タスクバーにアプリのボタンを登録できます。「アプリを起動するのに、いちいち[スタート]メニューを使うのが面倒」というときに便利です。

[すべてのプログラム]の一覧を
表示しておく

❶ [Outlook 2016]
を右クリック

❷ [タスクバーに表示する]を
クリック

タスクバーにOutlookの
ボタンが登録された

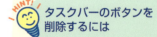
タスクバーのボタンを
削除するには

タスクバーに登録したボタンを右クリックし、[タスクバーにこのプログラムを表示しない]をクリックすると、タスクバーのボタンが削除されます。

③ Outlookの起動画面が表示された

Outlook 2016の起動画面が表示された

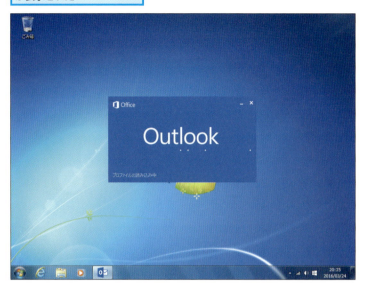

④ Outlookが起動した

| Outlookが起動した | 初回起動時のみ［Microsoft Outlook 2016へようこそ］の画面が表示される |

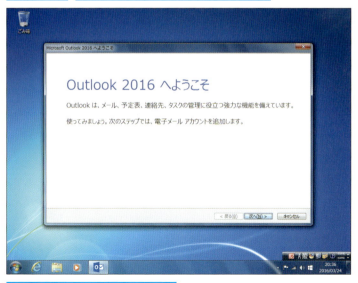

引き続きレッスン❺で、Outlookの初期設定を行う

 デスクトップにショートカットアイコンを作成するには

［スタート］メニューのアプリ名を右クリックし、以下の手順で操作すればデスクトップにショートカットアイコンを作成できます。ただし、たくさんショートカットアイコンがあると、目的のアイコンを選びにくくなる上、デスクトップがごちゃごちゃしてしまうので、気を付けましょう。

［Microsoft Office 2016］の一覧を表示しておく

❶［Outlook 2016］を右クリック　❷［送る］にマウスポインターを合わせる

❸［デスクトップ（ショートカットを作成）］をクリック

Point
最初の起動時に設定画面が表示される

このレッスンの方法でOutlookを起動すると、［Microsoft Outlook 2016へようこそ］の画面が表示されます。この画面でOutlookで利用するメールアカウントを登録します。メールアカウントの登録方法については、次のレッスン❺から具体的に解説します。

レッスン 5

メールアカウントを追加するには

アカウントの追加

Outlookにアカウントを追加しましょう。「○▲□●@outlook.jp」のアカウントを追加し、メールや予定のデータをクラウドで管理できるようにします。

1 Outlookの初期設定を始める

レッスン❹を参考に、[Microsoft Outlook 2016へようこそ]の画面を表示しておく

Outlookの初期設定を行う

[次へ]をクリック

2 メールアカウントの設定を始める

Outlookでメールを送受信できるように設定する

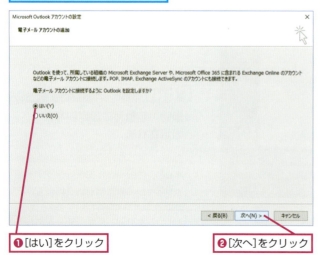

❶[はい]をクリック　　❷[次へ]をクリック

▶キーワード

@	p.242
IMAP	p.242
Microsoftアカウント	p.243
Outlook.com	p.243
POP	p.243
アカウント	p.243
クラウド	p.245
サーバー	p.245
パスワード	p.246
プロバイダー	p.247
メールアドレス	p.247
メールサーバー	p.247

 Outlook.comで利用できるアカウントを追加する

このレッスンでは、Outlook.comで利用できるMicrosoftアカウントのメールアドレスをOutlookに登録します。Microsoftアカウントにプロバイダーのメールアドレスを登録している場合は、レッスン❸を参考にOutlookで利用するためのMicrosoftアカウントを新規に取得してください。

 Outlook.com以外のWebメールのアカウントも追加できる

Outlookでは、GmailやYahoo!メールといったサービスを併用することもできます。ただし、利用できるのはメールだけとなります。手順3の画面でメールアドレスとパスワードを入力することで利用できるようになりますが、最初はこのレッスンの手順にしたがって、Outlook.comのアカウントを設定し、後からレッスン㉒を参考に各社のサービスを追加するといいでしょう。

③ メールアカウントの情報を入力する

ここではレッスン❸で取得したMicrosoftアカウントのメールアドレスを設定する

❶名前を入力

メールが相手に届いたときに表示する名前を入力する

❷Microsoftアカウントのメールアドレスを入力

❸Microsoftアカウントのパスワードを2回入力

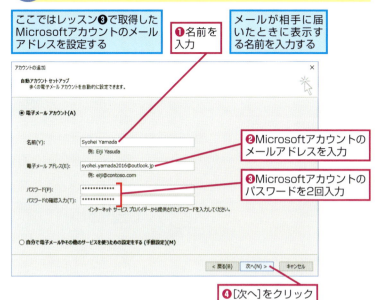

❹[次へ]をクリック

④ メールアカウントの設定を完了する

メールサーバーと情報がやりとりされ、メールアカウントが自動で設定される

しばらく待つ

メールアドレスの仕組みを知ろう

メールアドレスは「@」（アットマーク）を間に挟み、「アカウント名@組織名」という形をしています。組織名は一般にドメイン名とも呼ばれます。組織名には「xxx.yyyyy.ne.jp」というように、利用しているプロバイダー名や会社名などが入ります。なお、多くの場合、ドメイン名の前に、サブドメイン名が入ります。@の左側のアカウント名は、組織内で個人を識別するために使われます。

間違った場合は？

手順3で［次へ］ボタンをクリックしてエラーが表示されたときは、設定をもう一度確認して、入力ミスがあれば修正します。

次のページに続く

5 アカウントの追加

できる | 37

⑤ セキュリティの画面でパスワードを入力する

[Windowsセキュリティ]画面が表示された

❶パスワードを入力

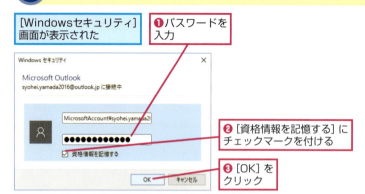

❷[資格情報を記憶する]にチェックマークを付ける

❸[OK]をクリック

⑥ 設定を完了する

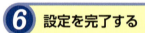
メールアカウントの設定が完了した

[完了]をクリック

⑦ Outlookの初期設定が完了した

Outlookでメールを送受信するための設定が完了した

Outlookのウィンドウが表示された

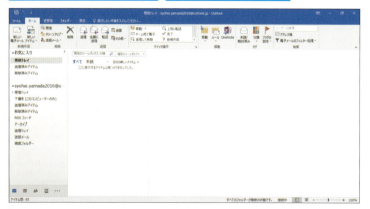

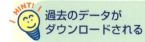
過去のデータがダウンロードされる

これまでスマートフォンなどでMicrosoftアカウントを使っていた場合は、そのメールアドレスでやりとりしてきたすべてのメールがクラウドに保存されています。新しいパソコンのOutlookでそのアカウントを追加設定することで、過去のメールや予定などが手元のパソコンにコピーされます。

複雑な設定は最初だけ

このレッスンの設定手順は、Outlookを最初に起動したときにだけ実行されます。二度目以降の起動では、手順7の画面が表示され、すぐにOutlookを使い始めることができます。

Point
クラウドで情報を管理できるようにする

このレッスンでは、クラウドサービスのOutlook.comにメールや情報が蓄積され、それをパソコンのOutlookで読み書きできるようにMicrosoftアカウントのメールアドレスをOutlookに登録しました。クラウドサービスの利用には、インターネット接続が必要ですが、Outlookはクラウドにあるデータのコピーをパソコンに保持し、双方を同期させます。クラウド側にオリジナルがあり、パソコン側にそのコピーがあるというイメージです。こうしておくことで、別のパソコンやスマートフォンなどからでも、同じデータを扱うことができるようになります。

テクニック Officeを再インストールしたときは

パソコンをリカバリーするなどで、Officeを再インストールしたような場合、手順4の後にライセンス認証の画面が表示される場合があります。その場合は、以下の手順を実行してライセンス認証を完了させてください。なお、古いパソコンにプリインストールされているOfficeを別のパソコンにインストールし直すのはライセンス違反となります。

Officeの再インストール後に［プロダクトキーを入力してください］が表示された

インターネットに接続した状態で以下の操作を実行する

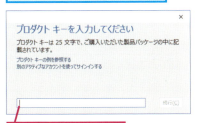

❶プロダクトキーを入力

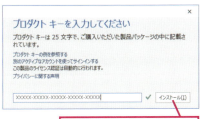

❷［インストール］をクリック

ライセンス認証が実行された　Officeのプロダクトキーが正しいか確認が行われる

ライセンス認証が完了した

❸［仕様許諾契約書を読む］をクリックして契約書を読む　❹［同意する］をクリック

テクニック Officeをまめに更新しよう

以下の手順を実行すれば、OutlookなどのOffice製品を起動しているときに更新プログラムの有無を確認できます。なお、［設定］の画面を表示して、［更新とセキュリティ］-［Windows Update］-［詳細オプション］の順にクリックし、［Windowsの更新時に他のMicrosoft製品の更新プログラムを入手します。］にチェックマークを付けておけば、Windows Updateの実行時にOfficeの更新プログラムも自動で確認されます。

❶［ファイル］タブをクリック

［アカウント情報］の画面が表示された

❷［Officeアカウント］をクリック

❸［更新オプション］をクリック　❹［今すぐ更新］をクリック

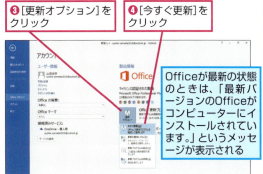

Officeが最新の状態のときは、「最新バージョンのOfficeがコンピューターにインストールされています。」というメッセージが表示される

レッスン 6

Outlook 2016の画面を確認しよう
各部の名称と役割

Outlookは入力済みの個人情報を整理してウィンドウに表示します。ウィンドウは複数の領域に分割され、効率よくデータを利用できるようになっています。

Outlook 2016の画面構成

Outlookのウィンドウは「ペイン」と呼ばれる複数の領域に分かれています。ナビゲーションバーで表示する項目の種類を切り替え、上部のリボンを使って各種の操作を行います。本書のレッスンを通して、使用頻度の高い機能から順に覚えていきましょう。

▶キーワード

To Doバー	p.243
アイテム	p.243
閲覧ウィンドウ	p.244
クイックアクセスツールバー	p.245
ナビゲーションバー	p.246
ビュー	p.246
フォルダー	p.247
リボン	p.247

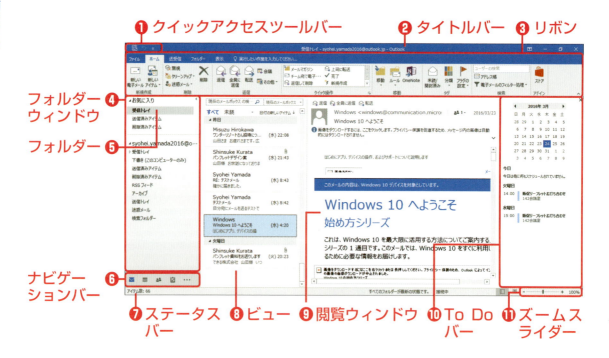

注意 本書では、画面の解像度が1366×768ドットの状態でOutlookを表示しています。画面の解像度によって、リボンの表示やウィンドウの大きさが異なります。

第1章 Outlookの準備をする

40 できる

❶クイックアクセスツールバー
頻繁に使う機能のボタンをタイトルバーの左端に並べておき、素早く使えるツールバーとして利用できる。任意のボタンを自分で追加することもできる。

❷タイトルバー
アプリケーション名であるOutlookと、そのウィンドウが今開いているOutlookのフォルダー名が表示される。ダブルクリックするとウィンドウを最大化できる。

❸リボン
複数のタブが用意され、タブグループごとに機能がボタンとして表示されるメニュー領域。タブをクリックすることでタブグループを切り替え、目的の機能を選択して作業する。

❹フォルダーウィンドウ
ナビゲーションバーで選択した項目のフォルダーが一覧で表示される。作業の邪魔にならないように、ウィンドウを折り畳むこともできる。

❺フォルダー
受信したメールや送信したメール、削除したメールなどが分類されている。必要に応じて自分で作ることもできる。

❻ナビゲーションバー
メールや予定表、連絡先、タスクなどOutlookの機能を切り替える領域。ウィンドウサイズに応じて表示が変わる。

❼ステータスバー
アイテムの総数や未読数、フォルダーの状態などの詳細情報が表示される。

❽ビュー
アイテムの一覧表示領域。ビューを切り替えることで、格納されているアイテムをいろいろな方法で表示できる。

❾閲覧ウィンドウ
選択したアイテムの内容を表示する領域。画面の右や下に表示できるほか、非表示にすることもできる。

❿To Doバー
予定表と連絡先、タスクの3つの機能から選択し、それぞれのアイテムから直近に必要なものが表示される領域。非表示にすることもできる。

⓫ズームスライダー
左右にドラッグすることで、画面の表示をズームすることができる。[拡大]ボタンや[縮小]ボタンで10%ごとに表示の拡大や縮小ができる。[ズーム]をクリックすると、[ズーム]ダイアログボックスが表示される。

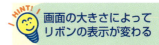

画面の解像度によって、リボンの表示内容や形式が変わります。本書では、「1366×768ドット」の解像度で説明を進めますが、手順の操作画面と手元の画面表示が異なる場合は、その都度、マウスポインターをボタンに重ねたときの表示などを参考に操作を進めてください。

 リボンを非表示にするには

少しでも多くのアイテムを表示したい場合は、タイトルバーの右にある[リボンの表示オプション]ボタンをクリックして、リボンを非表示にするといいでしょう。通常は[タブとコマンドの表示]に設定されていますが、[リボンを自動的に非表示にする]を選択するとリボンの表示が消えます。[タブの表示]を選択した場合、タブのみが表示されます。なお、タブのダブルクリックで、リボンの表示と非表示を切り替えられます。

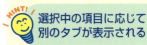

選択中のアイテムに応じて、「コンテキストタブ」というタブが表示されることがあります。例えば、ファイルが添付されたメールを選択すると、[添付ファイル]タブが表示されます。

Point
よく使う機能から覚えていこう

Outlook 2016は、さまざまな画面で構成されています。すでにExcel 2016やWord 2016を使ったことがある方なら、リボンとタブはおなじみかと思います。初めてリボンやタブを使うという方でも、この後のレッスンで順を追って操作を解説するので、心配はありません。まずはよく使う機能から覚えていき、後からこのページを見返すようにするといいでしょう。

レッスン 7

管理できる情報の種類を確認しよう

アイテム、フォルダー、ビュー

> Outlookで管理できる情報は、すべてがアイテムという単位で管理されます。それぞれのアイテムは、それが格納されたフォルダーごとに見え方が異なります。

アイテムとビューの関係を知ろう

Outlookには「外観」という意味があります。Outlookで管理されるデータの1つ1つは「アイテム」と呼ばれ、どのフォルダーにあるかに応じて、Outlookが適切な外観を与えます。この「フォルダーに応じてアイテムの見え方を変える」ものが「ビュー」です。メールが受信トレイに届き、予定を予定表に書き込むという操作は、これらのビューのおかげで分かりやすく操作できるようになっています。「アイテムがあるフォルダーの種類によって見え方が変わる」という考え方は、今後、Outlookを使っていく上で、極めて重要な役割を果たします。

▶キーワード

アイテム	p.243
受信トレイ	p.245
タスク	p.246
ビュー	p.246
フォルダー	p.247
メモ	p.247
メール	p.247
予定表	p.247
リボン	p.247
連絡先	p.247

HINT! Windowsのフォルダーと何が違うの？

Outlookのフォルダーは、Windowsで利用しているフォルダーと基本的な考え方は同じです。ただし、Outlookのフォルダーは、いくつかのデータファイルとして管理されています。Windowsにとっては、複数のファイルにすぎないということになります。

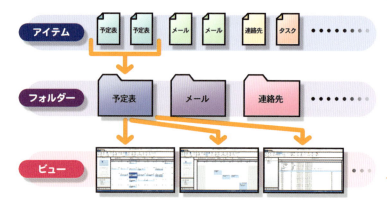

HINT! ビューって何？

Outlookのアイテムが各フォルダーに表示されるときの見え方を「ビュー」と呼びます。フォルダー内に存在するアイテムが同じであっても、その見え方を変更することで、多彩な角度からアイテムを扱うことができます。ちょうど、Windowsのフォルダーが、アイコンの表示形式や［名前順］［日付順］などの並び順を変更できることに似ています。

Outlookで利用できるフォルダー

Outlookには、メールや予定、連絡先といった数多くの情報を効率よく管理するために、下の画面にあるようなフォルダーが用意されています。情報の種類に応じたフォルダーに入れておくことで、最適の表示画面で内容を参照することができるのです。フォルダーを上手に使い分けて、Outlookで情報を管理していきましょう。

◆[受信トレイ]フォルダー
送受信したメールの閲覧や保管ができる

◆[予定表]フォルダー
今日の予定や数カ月先のイベントや毎年の記念日など、あらゆる予定を入力して管理できる

◆[連絡先]フォルダー
住所やメールアドレスなどの情報を入力し、必要な情報を一覧にして参照できる

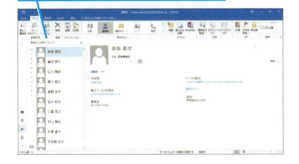

◆[タスク]フォルダー
忘れてはいけない作業を入力し、それぞれに期限や優先度を設定して一覧で管理できる

◆[メモ]フォルダー
覚え書きなど、予定や仕事に分類できない情報を保存できる

次のページに続く

フォルダーごとの主なリボン

タブごとに切り替わるリボンの表示は、そのとき表示されているOutlookのフォルダーの種類ごとに異なり、そのフォルダーに対してできる作業がコマンドボタンとしてまとめられています。ここではOutlookに用意された主なタブのリボンを紹介します。

●メールの［ホーム］タブ

●予定表の［ホーム］タブ

●連絡先の［ホーム］タブ

●タスクの［ホーム］タブ

●メール、予定表、連絡先、タスク、メモ、共通の［送受信］タブ

●メールの［フォルダー］タブ

●予定表の［フォルダー］タブ

●連絡先の［フォルダー］タブ

●タスクの［フォルダー］タブ

●メールの［表示］タブ

●予定表の［表示］タブ

●連絡先の［表示］タブ

●タスクの［表示］タブ

レッスン 8

Outlookを終了するには

Outlookの終了

Outlookの終了方法は、ほかのアプリケーションと同様です。複数の方法で終了できるので、そのときの状況に応じて各方法を使い分けましょう。

リボンから終了する

1 Outlookを終了する

❶[ファイル]タブをクリック

[アカウント情報]の画面が表示された

❷[終了]をクリック

2 Outlookが終了した

Outlookが終了し、デスクトップが表示された

タスクバーのボタンが消えた

▶キーワード

ナビゲーションバー	p.246
リボン	p.247

 ショートカットキー

Alt + F4 ……… 終了

HINT! 複数のOutlookを同時に起動することもできる

すでにOutlookのウィンドウが開いている状態でも、ナビゲーションバーから任意のフォルダーのボタンを右クリックし、ショートカットメニューから[新しいウィンドウで開く]をクリックすれば、別のウィンドウが開き、そこで、別のフォルダーを扱うことができます。スケジュールを参照しながらメールの返事を書くといった使い方に便利です。

タスクバーのボタンにマウスポインターを合わせて、[受信トレイ]のウィンドウと[予定表]のウィンドウの切り替えができる

HINT! 終了すると開いているアイテムも閉じる

各アイテムは、その詳細を参照したり、入力したりするために、個別にウィンドウを開きます。Outlookを終了すると、そのとき開いているアイテムのウィンドウは、同時にすべて閉じられます。

[閉じる]ボタンから終了する

[閉じる]を
クリック

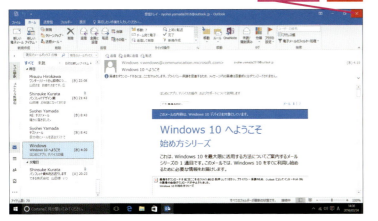

Outlookが終了する

タスクバーから終了する

❶[Outlook]を
右クリック

❷[ウィンドウを閉じる]
をクリック

Outlookが終了する

HINT! Outlookを終了するのはいつ？

Outlookは、個人情報管理のために、常に起動しておきたいアプリケーションです。ただし、ほかのアプリケーションをインストールするような場合は、インストールプログラムの誤動作を回避するために、Outlookをいったん終了させるようにしましょう。

間違った場合は？

[閉じる]ボタン（）の左側にある[元に戻す]ボタン（）をクリックしてしまうと、最大化されていたウィンドウのサイズが元のサイズに戻ります。その状態で、もう一度[閉じる]ボタンをクリックすれば、Outlookが終了されます。

Point 常にOutlookを起動しておこう

インターネットで情報収集、ワープロでの資料作成、デジタルカメラの写真整理など、パソコンでの作業は多岐にわたります。こうした作業中にも、瞬時にOutlookで管理している個人情報を参照できるようにしておきたいものです。いちいちOutlookを起動しているのでは、素早く情報を参照できないだけでなく、新着メールの着信にも気付けません。したがって、Outlookは起動したままにしておくことをお薦めします。ウィンドウが邪魔に感じる場合は、[最小化]ボタンで最小化しておけばいいでしょう。また、31ページのHINT!を参考にOutlookのボタンをタスクバーにピン留めしておけば、素早くウィンドウを元の状態に戻せます。

この章のまとめ

●パソコンで情報を使いやすく管理できる

パーソナルコンピューター（パソコン）が「パーソナル」という言葉から始まるのは、コンピューターが個人のものとして活用されることが想定されているからです。パソコンさえ手元にあれば、後は何もいらないというくらいに、すべての情報が集約されていてこそ、パーソナルコンピューターだといえます。Outlookは、コンピューターを、そんな道具にしてくれます。個人が、コンピューターを使って自分の身の回りの情報を扱うために、さまざまな便宜を図ってくれるのです。

Outlookの機能を知ろう
個人情報を管理するためのさまざまな機能が用意されている

第2章 メールを使う

現代社会のコミュニケーションにおいて、メールはもはや欠かせない手段になりました。まずは、この章で、Outlookでメールをやりとりする基本的な方法をマスターしましょう。

●この章の内容
- ❾ メールをやりとりする画面を知ろう ……………………… 50
- ❿ メールの形式を変更するには ……………………………… 52
- ⓫ メールに署名が入力されるようにするには …………… 54
- ⓬ メールを送るには …………………………………………… 56
- ⓭ メールを読むには …………………………………………… 60
- ⓮ 届いたメールに返事を書くには ………………………… 64
- ⓯ ファイルをメールで送るには …………………………… 66
- ⓰ WebページのURLを共有するには ……………………… 68
- ⓱ 添付ファイルを開かずに内容を確認するには ………… 70
- ⓲ 添付ファイルを保存するには …………………………… 72
- ⓳ メールを印刷するには …………………………………… 74
- ⓴ 迷惑メールを振り分けるには …………………………… 76
- ㉑ メールを削除するには …………………………………… 80
- ㉒ プロバイダーのメールアカウントを
   追加するには ………………………………………………… 82

メールをやりとりする画面を知ろう

受信トレイの役割

メールを使った情報交換の窓口としてOutlookを使ってみましょう。このレッスンでは、メールのやりとりに利用するフォルダーや画面について解説します。

メールを管理するフォルダーの役割

Outlookのメール機能を使えば、さまざまなメールサービスのメールを集中管理できます。［受信トレイ］［送信トレイ］［送信済みアイテム］は、送受信したメールを管理していくためのフォルダーです。これら複数のフォルダーでメールを管理していきます。メールはOutlookが扱えるアイテムの種類の1つにすぎませんが、それをOutlookで管理することで、さまざまな個人情報とメールを一元化して扱うことができます。コミュニケーションによって予定や仕事が発生し、それを1つずつこなしていくという、普段から無意識に行っている一連の作業を1個所で管理できるようになるのです。

▶キーワード

アイテム	p.243
閲覧ウィンドウ	p.244
受信トレイ	p.245
削除済みアイテム	p.245
ビュー	p.246
メール	p.247
迷惑メール	p.247
リボン	p.247

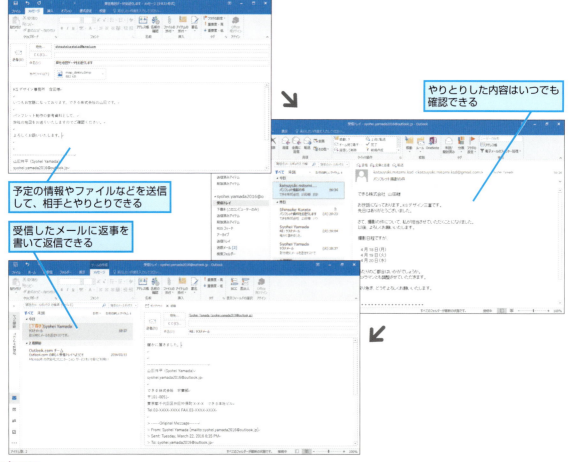

予定の情報やファイルなどを送信して、相手とやりとりできる

受信したメールに返事を書いて返信できる

やりとりした内容はいつでも確認できる

メールのやりとりに使う画面を知ろう

メールをやりとりする画面では、[受信トレイ]や[送信トレイ]などのフォルダーのほか、メールが表示される閲覧ウィンドウ、そして、メールの作成やメールの削除、返信などの操作をするためのコマンドがリボンに用意されています。

◆リボン
メールに関するさまざまな機能のボタンがタブごとに分類されている

◆[お気に入り]フォルダー
よく使うフォルダーを登録できる

◆閲覧ウィンドウ
選択したメールの本文が表示される

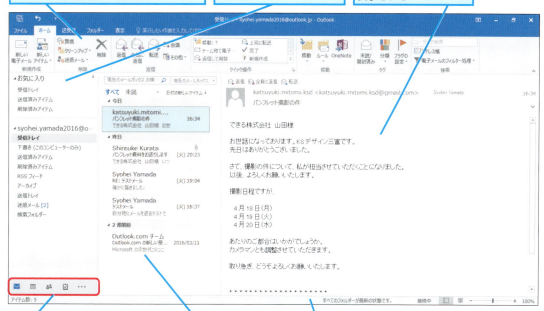

◆メールや予定表、連絡先などの表示をクリックして切り替えられる

◆ビュー
選択したフォルダーの内容が表示される

◆ステータスバー
選択したフォルダーにあるアイテム数や受信状態が表示される

9 受信トレイの役割

Point

メールのコミュニケーションで予定が生まれる

インターネットが普及した現在では、ミーティングやイベントの案内がメールで届きます。友人から久しぶりにメールが届き、会うことになったというケースもあるでしょう。ホテルや飛行機を予約するときも確認のメールが届きます。このように、メールのやりとりで行動場所や時間が決まることが多くなってきました。コミュニケーションが予定を生むというのはそういうことです。メールがすべてではありませんが、コミュニケーションをメールに残すようにすることで、自分の行動記録がすべて蓄積されていきます。

できる 51

レッスン 10

メールの形式を変更するには

テキスト形式

メールは、テキスト形式が基本です。テキスト形式であれば、相手がどのようなハードウェアやソフトウェアを使っていても必ず読んでもらうことができます。

1 [Outlookのオプション] ダイアログボックスを表示する

標準のメール形式を設定する

❶ [ファイル] タブをクリック

[アカウント情報] の画面が表示された

❷ [オプション] をクリック

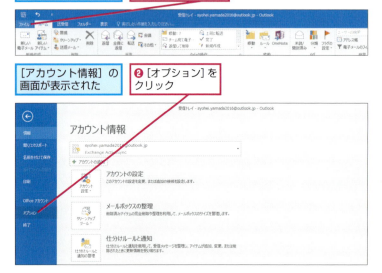

2 作成時のメール形式を設定する

[Outlookのオプション] ダイアログボックスが表示された

メールが常にテキスト形式で作成されるように設定を変更する

❶ [メール] をクリック
❷ [次の形式でメッセージを作成する] のここをクリック
❸ [テキスト形式] を選択
❹ ここを下にドラッグしてスクロール

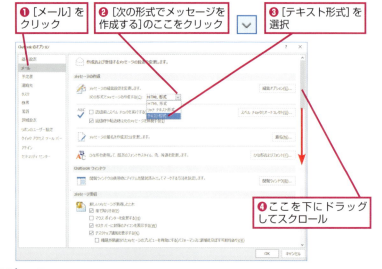

▶キーワード

HTMLメール	p.242
Outlookのオプション	p.243
アカウント	p.243
インデント記号	p.244
メール	p.247
迷惑メール	p.247
メッセージ	p.247

ショートカットキー

[Alt] + [F] + [T] …… [Outlookのオプション] ダイアログボックスの表示

HINT! 何でテキスト形式に変更するの?

ビジネスメールの基本はテキスト形式です。パソコン用のメールアプリはもちろん、スマートフォンアプリでも、メールの送信形式がHTML形式になっていますが、テキスト形式に変更しておきましょう。HTMLメールは、表現力が豊かである反面、容量が大きくなったり、受信環境ごとに表示が異なったりすることがあります。また、不審なメールとして扱われる可能性もあるのです。迷惑メールにHTML形式が利用されていることも多く、HTMLメールが敬遠される場合もあります。特に、初めてメールをやりとりする相手に対しては、十二分に注意したいものです。

⚠ 間違った場合は?

手順1の操作2で [Officeアカウント] をクリックしてしまったときは、再度画面左の一覧から [オプション] をクリックしてください。

③ メールの返信時や転送時の表示方法を変更する

メールの返信時や転送時に引用された元の
メッセージに、「>」の記号が付くようにする

❶ [返信/転送時に元のメッセージ
のウィンドウを閉じる] をクリック
してチェックマークを付ける

❷ ここをクリックして [元の
メッセージの行頭にインデン
ト記号を挿入する] を選択

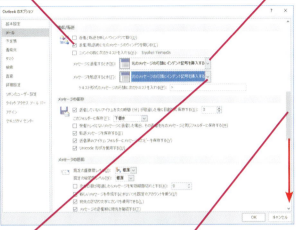

❸ ここをクリックして [元の
メッセージの行頭にインデ
ント記号を挿入する] を選択

❹ ここを下にド
ラッグしてスク
ロール

④ 送信時のメール形式を設定する

HTML形式で届いたメールがテキスト
形式で返信されるようにする

❶ ここをクリックして [テキスト
形式に変換] を選択

❷ [OK] をクリック

 インデントって何？

インデントは「字下げ」を意味します。
字下げをして行頭に記号を挿入するこ
とで、その行が引用であることがひと
目で分かるようにしておくと、後で
メールを読み返すときに便利です。イ
ンデント記号の「>」は、引用を表す
記号として使われてきました。メール
のやりとりをする中で、その経緯を引
用として残しておくことで、過去のや
りとりが把握できる便利さから慣習的
に使われています。

●元のメッセージにインデント記号を
　付けない場合

●元のメッセージにインデント記号を
　付けた場合

インデント記号があると、引用
されたメールが分かりやすい

Point
ビジネスのメールは
テキスト形式が基本

「HTML」は、もともとWebページを
作るために使われている形式で、文字
の書式情報やレイアウト情報などを含
んだ表現力の豊かなメールを作成でき
ます。ただ、メールを読み書きするソ
フトウェアやハードウェアが多様化し
ている今、相手がHTML形式のメール
をきちんと読めるかどうかは必ずしも
保証されません。特にビジネスでの
メールでは、少なくとも最初のうちは
テキスト形式を使うのが無難です。

レッスン 11 メールに署名が入力されるようにするには

署名とひな形

メールには必ず署名を付けます。このレッスンの方法で設定すれば、メールの作成時に署名が自動で挿入されます。いわば、名前入りの便箋のような機能です。

1 [署名とひな形] ダイアログボックスを表示する

レッスン⑩を参考に、[Outlookのオプション] ダイアログボックスを表示しておく

❶ [メール] をクリック　❷ [署名] をクリック

2 [新しい署名] ダイアログボックスを表示する

[署名とひな形] ダイアログボックスが表示された

署名を作成する

[新規作成] をクリック

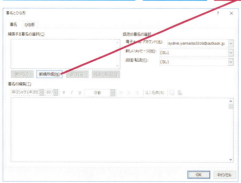

3 署名の名前を設定する

[新しい署名] ダイアログボックスが表示された

設定する署名の名前を入力する

❶「社内用」と入力

❷ [OK] をクリック

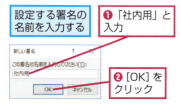

▶ キーワード

URL	p.243
Outlookのオプション	p.243
署名	p.245
メール	p.247
メールアドレス	p.247

ショートカットキー

Alt + F + T ……[Outlookのオプション] ダイアログボックスの表示

HINT! 署名の見せ方を工夫しよう

署名では、ハイフン(-)やイコール(=)、アンダーバー(_)などを罫線代わりに使ったり、空白を行頭に入力して、多少、右に寄せたりするのもいいでしょう。ただし、相手がメールを読むときに使っているフォントによっては、文字種による文字幅の違いから、こちらが期待したレイアウトになるとは限らない点に注意してください。

間違った場合は?

署名の登録後に署名の間違いに気付いたときは、手順1から操作して [署名とひな形] ダイアログボックスの [署名の編集] に入力した内容を修正します。複数の署名があるときは、修正する署名の名前を正しく選択してから操作してください。

④ 署名を入力する

はじめに改行を入力する　❶ Enter キーを押して改行

名前や会社名、住所など、自分に関する情報を入力する

❷ 署名を入力

メールアドレスの文頭が大文字になったときは、削除して入力し直す

本文と署名を明確に区別するために、「-」を使って区切り線を入れる

❸ [保存] をクリック

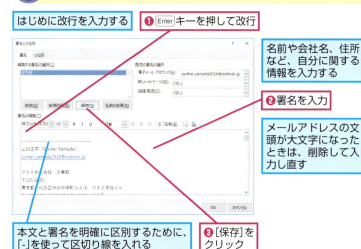

⑤ 署名を設定する

[新しいメッセージ] に手順3で入力した署名の名前が表示された

メールの返信や転送のときにも署名を使用できるようにする

❶ [返信/転送] のここをクリックして、手順3で入力した署名の名前を選択

❷ [OK] をクリック

⑥ 署名が設定された

[OK] をクリック

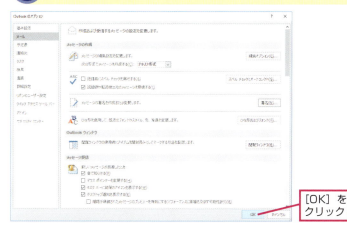

HINT! メールアドレスの文頭が大文字になってしまったときは

署名にメールアドレスやURLを入力すると、ハイパーリンクの自動書式設定によって色が青く変わり、下線が付きます。メールアドレスの文頭の文字が大文字になってしまったときは、先頭の文字を削除して入力し直しましょう。

HINT! 署名を使い分けることもできる

複数の署名を用意しておき、メールの相手ごとに使い分けることもできます。自動的に挿入された署名を右クリックし、ショートカットメニューに表示される別の署名に差し替えます。

自動的に挿入された署名を右クリック　別の署名を選択できる

Point　署名は短く簡潔に

署名は簡潔で分かりやすい内容にしましょう。手書きのサインとは異なり、メールの差出人を公式に証明する手段にはなりませんが、誰から来たメッセージなのかメールを受け取った相手がすぐに分かるようにするべきです。そのためにも、日本語表記のフルネームを添え、ビジネスメールなら会社名や部署などの情報も含めておきましょう。また、相手がメール以外の手段で連絡を取れるように、住所や電話番号、FAX番号などの情報を入れておくと便利です。ただし、素性が分からない相手にメールを送るときは、電話番号などの個人情報を署名に含めないようにします。署名は複数作成できるので、仕事とプライベート用にそれぞれ別の署名を用意して、上のHINT!の方法で署名を使い分けるといいでしょう。

レッスン 12

メールを送るには

新しい電子メール

> Outlookで新しいメールを作成し、実際に送信してみましょう。ここでは、メールの形式や署名の表示などの設定を確認するため、自分宛にメールを送ります。

1 新しいメッセージを作成する

自分宛のテストメールを作成する

[新しい電子メール] をクリック

2 宛先を入力する

メッセージのウィンドウが表示された

メールを送る相手のメールアドレスを入力する

[宛先] に自分のメールアドレスを半角英数字で入力

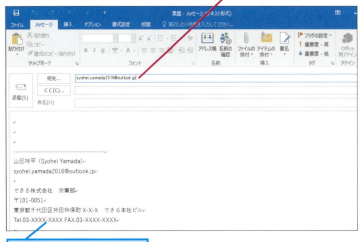

レッスン⓫で作成した署名が自動的に挿入された

▶キーワード

BCC	p.242
CC	p.247
メールサーバー	p.247

 ショートカットキー

Ctrl + Shift + M
……………新しいメッセージの作成

 間違った場合は?

手順1で [新しいアイテム] ボタンをクリックしてしまった場合は、そのまま [電子メールメッセージ] を選択してください。

HINT! 2回目以降に同じアドレスを入力すると候補が表示される

過去にメールを送ったメールアドレスは連絡先候補として記憶されます。メールアドレスの先頭の数文字を [宛先] や [CC] に入力すると、候補が表示され、一覧からメールアドレスを選択できます。

2回目以降、先頭の数文字を入力すると候補が表示される

Enterキーを押すとアドレスが挿入される

HINT! ボタンをクリックしてメールアドレスを指定できる

[宛先] や [CC] をクリックすれば、連絡先の一覧から送付先のメールアドレスを選べます。Windows 10/8.1では [People] アプリ、Windows 7ではWindowsアドレス帳にある連絡先が表示されます。

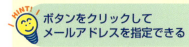

③ 件名を入力する

[件名]に「テストメール」と入力

メールの用件が分かる件名を入力する

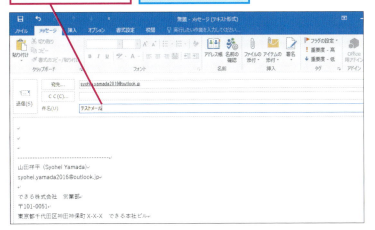

④ 本文を入力する

本文を入力

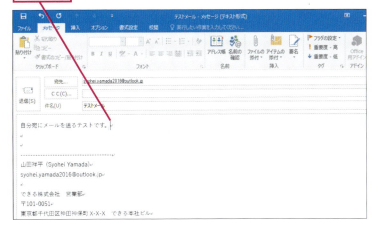

HINT! 複数の人に同じメールを送るには

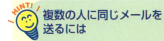

複数の人に同じメールを送るには、メールアドレスを半角の「;」(セミコロン)で区切って[宛先]に入力します。また、CCは、カーボンコピー(Carbon Copy)のことで、参考のために、同じ文面を別のアドレス宛にも送信するときに使います。アドレスの入力方法は宛先欄と同じです。自分がメールを受け取ったときに、[CC]に自分のアドレスがあれば、他人宛のメールが自分にも送信されていることが分かります。また、[宛先]や[CC]を見れば、自分以外の誰にメールが送られているかを知ることができます。

HINT! 互いに面識のない複数の相手にメールを送るには

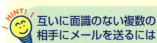

BCCはCCと似ていますが、[BCC]に入力したアドレスはメールを受け取ったすべての人に対して隠されます。[宛先]にAさん、[CC]にBさん、[BCC]にCさんのメールアドレスを指定してメールを送ると、AさんとBさんにはCさんに同じメールが送られていることが分かりません。別の人にメールを送ったことを知られたくない場合や複数の宛先が不特定多数で、個別のメールアドレスを隠したい場合に使います。

❶[オプション]タブをクリック　❷[BCC]をクリック

BCCの入力欄が画面に表示された

次のページに続く

❺ メールを送信する

作成したテストメールを送信する

[送信]をクリック

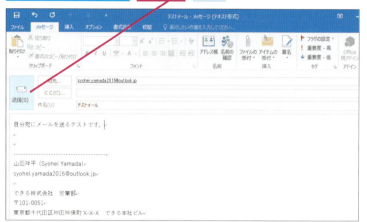

❻ メールが受信される

メールを送信できた

しばらく待つと、メールが自動的に受信される

受信したメールが[受信トレイ]に表示された

メールが届くと、新着通知が一時的に表示される

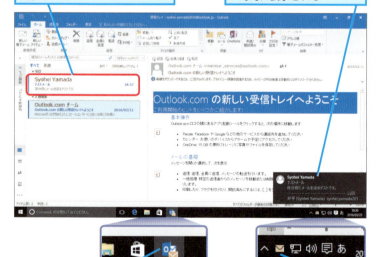

メールが届くと、タスクバーのアイコンの表示が変わる

メールが届くと、通知領域にアイコンが表示される

HINT! [下書き]フォルダーに書きかけのメールを保存できる

[閉じる]ボタン（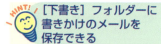）をクリックして書きかけのメッセージを閉じようとすると、メッセージの保存を確認するダイアログボックスが表示されます。ここで、[はい]ボタンをクリックすれば、そのメールは[下書き]フォルダーに保存されます。それを開くことで、作業を再開できます。また、通常は3分ごとに内容が自動的に保存されるので、パソコンのフリーズなどのアクシデントがあっても安心です。

HINT! メールの重要度を指定できる

送信するメールに、重要度として「高」または「低」を指定できます。重要度が指定されたメールは、相手がOutlookのような高機能のメールソフトを使っている場合、その旨が表示されます。ただし、自分にとって重要度が高であっても、相手にとってはそうでない場合もあります。重要度を指定する場合は、相手に失礼のないようにしたいものです。

メッセージのウィンドウで[メッセージ]タブを表示しておく

重要度の高いメールには[重要度：高]をクリックする

重要度の低いメールには[重要度：低]をクリックする

❼ 送信済みのメールを確認する

送信したメールを確認する

❶ ここを
クリック　→　メールアカウントのフォルダーの一覧が表示された

フォルダーウィンドウが表示された　❷ [送信済みアイテム]をクリック

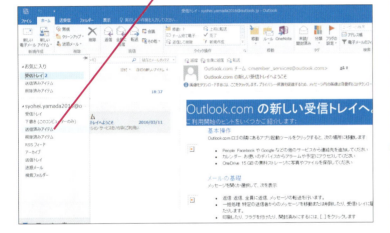

❽ 送信済みのメールが表示された

メールが [送信済みアイテム] フォルダーに移動した　送信したメールを確認できた

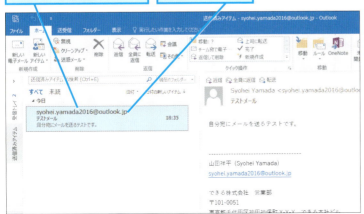

送ったメールは取り消せない

いったん送信したメールは、すぐに相手のメールサーバーに届きます。Outlookでは送信の操作を取り消すことはできません。もし、送信後に内容の誤りや気になる点を見つけたら、その旨を記したメールを新たに書いて、相手に知らせるようにしましょう。

メールがすぐに送信されないときは

インターネットに接続されていない場合や、何らかの理由でサービスが利用できない場合、送信したメールは、いったん [送信トレイ] に保留されます。パソコンをインターネットに接続したり、サービスが再開したりすれば、自動的に送信され、[送信トレイ] から [送信済みアイテム] に移動します。

間違った場合は?

手順7で、別のフォルダーを開いてしまった場合は、もう一度、[送信トレイ] をクリックし直します。

Point
相手のパソコンに直接メールが届くわけではない

書き上げたメールは、[送信] ボタンをクリックすると、相手の送信メールサーバーに配信され、そのコピーが「送信済みメール」として保存されます。メールを受け取ったメールサーバーは、メールの宛先情報を確認して相手のサーバーにメールを配信します。そして、そのメールは、相手に読まれるのを待つ状態となります。このように、メールは自分のパソコンから相手のパソコンに直接届くわけではなく、インターネット上のメールサーバーをいくつか経由して運ばれるのです。

12 新しい電子メール

できる | 59

レッスン 13

メールを読むには

すべてのフォルダーを送受信

自分宛にメールが届いていないか確認してみましょう。このレッスンでは、[すべてのフォルダーを送受信]ボタンを利用して新着メールの有無を確認します。

1 [受信トレイ]フォルダーを表示する

[受信トレイ]を表示する

[受信トレイ]をクリック

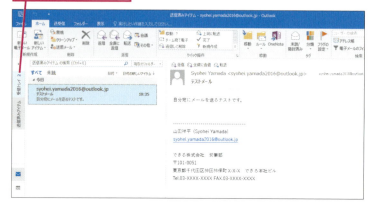

2 新着メールを確認する

[受信トレイ]が表示された

新しいメールがないかを手動で確認する

[すべてのフォルダーを送受信]をクリック

▶キーワード

HTMLメール	p.242
アイテム	p.243
閲覧ウィンドウ	p.244
クイックアクセスツールバー	p.245
受信トレイ	p.245
フィッシング詐欺	p.247
フォルダー	p.247
メール	p.247
メールサーバー	p.247
メッセージ	p.247

ショートカットキー

[Ctrl]+[<] ……… 前のアイテム
[Ctrl]+[>] ……… 前のアイテム
[F9] …………… すべてのフォルダーを送受信

 メールは自動的に受信される

Outlookではメールが自動で受信されます。標準の設定では、30分ごとに受信が行われます。ただし、Outlook.comなど、メールサービスの種類によっては、Outlookでの設定にかかわらず、新着メールが配信されます。

 間違った場合は?

[Mail Delivery Subsystem]という差出人から英語のメールが届いた場合は、宛先に入力した自分のメールアドレスが間違っていた可能性があります。もう一度、レッスン⑫からやり直してください。

テクニック 新着メールを確認する更新頻度を変更できる

メールがメールサーバーに届いているかどうかをOutlookは30分ごとに自動で確認します。新着メールがあるかどうかを確認する時間を変更するには、以下の手順で操作しましょう。なお、ここでの設定にかかわらず、Outlook.comやGメールなど、昨今の一般的なメールサービスではサーバーに新着メールが届いた直後にOutlookに配信されます。

レッスン⓾を参考に、[Outlookのオプション]ダイアログボックスを表示しておく

❶[詳細設定]をクリック
❷ここを下にドラッグしてスクロール

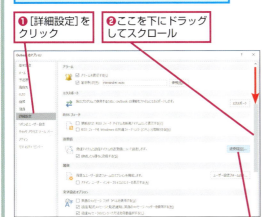

❸[送受信]をクリック

[送受信グループ]ダイアログボックスが表示された

ここでは確認の頻度を5分に設定する

❹ここをクリックして「5」と入力
❺[閉じる]をクリック

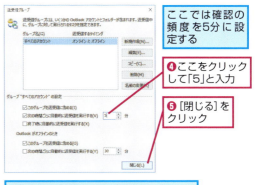

5分ごとに新着メールが届いていないか、自動で確認が行われる

3 メールを選択する

ここでは新着メールがないため、レッスン⓬で自分宛に送ったメールを選択する

未読のメールは差出人やタイトルが太字で表示されている

❶メールをクリック

メールのプレビューが閲覧ウィンドウに表示された

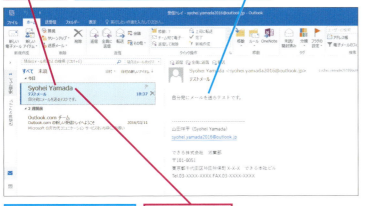

メールを別のウィンドウで表示する
❷メールをダブルクリック

HINT! 新着通知からもメールを開ける

メールが届くと、画面右下（Windows 8.1では画面右上）に新着通知が一時的に表示されます。Outlookのウィンドウがほかのウィンドウの背後にあったり、最小化されていたりしても、メールの着信が分かります。新着通知をクリックすると、新着メールが別のウィンドウに表示されます。ただし、新着通知はOutlookの起動中にしか表示されません。また、何も操作をしないと、新着通知はすぐに消えます。

メールの受信時に新着通知をクリックすると、別のウィンドウにメールが表示される

次のページに続く

④ メールを読む

選択したメールが別のウィンドウで表示された　❶差出人や宛先を確認

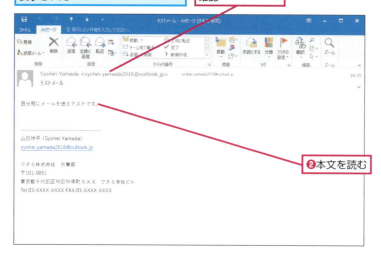

❷本文を読む

⑤ メッセージのウィンドウを閉じる

メールが読み終わったのでメッセージのウィンドウを閉じる

[閉じる]をクリック

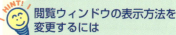

閲覧ウィンドウの表示方法を変更するには

標準の設定では、閲覧ウィンドウが右に表示されます。閲覧ウィンドウのレイアウトを変更するには、［表示］タブの［閲覧ウィンドウ］ボタンの一覧から配置方法を選びましょう。なお、［オフ］に設定すると、閲覧ウィンドウが非表示になります。

メッセージの開封に関するメッセージが表示されたときは

メールによっては、開こうとすると、「確認メッセージを送信しますか？」というメッセージが表示される場合があります。［はい］ボタンをクリックすると、メールを開いた日時を記載したメールが自動的に相手に送信されます。必要がない場合は、［いいえ］ボタンをクリックします。

必要に応じて［はい］または［いいえ］をクリックする

［次のアイテム］ボタンでメールを読み進められる

メッセージウィンドウ左上のクイックアクセスツールバーには、次のメールと前のメールに移動するためのボタンが用意されています。このボタンを使えば、ウィンドウを閉じずに、順にメールを読んでいくことができます。

◆前のアイテム　◆次のアイテム

テクニック　HTMLメールの画像をダウンロードするには

HTMLメールの中には、開いたときに、特定のサイトから画像をダウンロードするようになっているものがあります。画像がダウンロードされると、そのメールが確かに読まれたことを相手が知り、有効なメールアドレスとして認知され、以降、迷惑メールが増加してしまう可能性があります。そのようなことがないように、標準では画像がダウンロードされないように設定されています。必要な場合は、その都度、以下の手順でダウンロードします。

❶［画像をダウンロードするには、ここをクリックします。］をクリック

❷［画像のダウンロード］をクリック

インターネット上から画像がダウンロードされる

メールの画像が表示された

❻ メールが既読になった

メッセージのウィンドウが閉じた

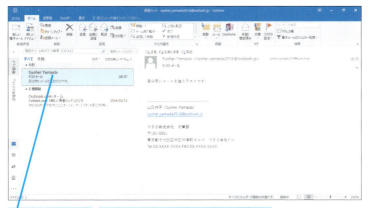

メールが既読の表示に変わった

ほかにメールが届いているときは、手順3～5と同様にして読んでおく

Point
メールが来ていないか定期的に確認しよう

自分宛に届いたメールは、できるだけ頻繁に確認するようにしましょう。相手が返信を求めている場合もあります。自分が送ったメールに対して何日も反応がなければ不安になってしまうこともあるでしょう。メールアドレスを他人に伝えた以上は、自分宛にメールを送った相手の期待に応えるためにも、できるだけ頻繁に、メールをチェックするのがマナーです。パソコンのそばにいるときには、常に、Outlookを起動しておき、新着メールの到着をいち早く知ることができるようにしておきましょう。また、Outlookは自動でメールが受信されますが、新着メールの有無をすぐに確認したいときは、［すべてのフォルダーを送受信］ボタンをクリックしてください。

13 すべてのフォルダーを送受信

できる 63

レッスン 14

届いたメールに返事を書くには

返信

［返信］ボタンをクリックするだけで、メールに返事を書くことができます。相手が返答を求めているときには、できるだけ迅速に返事を書くようにしましょう。

1 返信するメールを選択する

［受信トレイ］を表示しておく

ここでは自分宛に出したメールに自分で返信する

❶メールをクリック　❷［返信］をクリック

2 メッセージの作成画面が表示された

閲覧ウィンドウが返信用のメッセージを入力する画面に切り替わった

宛先は自動的に入力される

元の件名の先頭に「RE:」の文字が自動で入力される

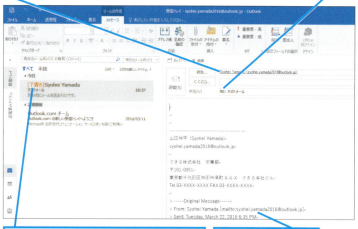

返信を送信するまでは、返信元のメールに「［下書き］」と表示される

元のメールの情報と本文が引用される

▶ キーワード

RE:	p.243
閲覧ウィンドウ	p.244
下書き	p.245
受信トレイ	p.245
全員へ返信	p.246
メール	p.247
メールアドレス	p.247
メッセージ	p.247

ショートカットキー

Ctrl + R ……………返信
Ctrl + Shift + R …全員に返信

HINT!
［宛先］や［CC］に入っているすべての人にメールを返信するには

このレッスンのように、［返信］ボタンをクリックすると、［宛先］に入力されている差出人に返信されます。差出人以外のメールアドレスが［宛先］に入力されていても、そのメールアドレスには返信されません。［宛先］に入力されているメールアドレスや［CC］に入っているメールアドレスの全員に返信するときは、［全員に返信］ボタンをクリックします。作業を共有しているメンバーや同じ部署内での連絡メールなど、全員で同じ情報を共有する必要があるときは、メンバー全員にメールを返信するのを忘れないようにしましょう。

間違った場合は？

手順1で間違ったメールを選択して［返信］ボタンをクリックしたときは手順2の画面で［宛先］ボタンの上にある［破棄］ボタンをクリックして、手順1から操作をやり直します。

❸ 本文を入力する

本文を入力

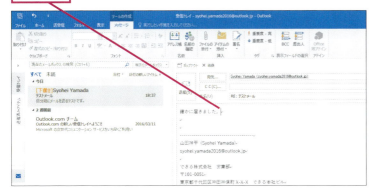

❹ メールを送信する

[送信]をクリック

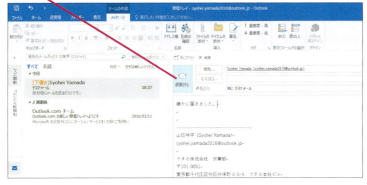

❺ メールが送信できた

自分宛に送信したので、送信したメールが[受信トレイ]に受信された

返信したメールには、返信済みを示すアイコンが表示される

 メールの状態を確認しよう

[受信トレイ]では、メールの表示で、未開封（アイテムの左に青いマーク）、開封済み（青いマークなし）、返信済み（返信のアイコン）、転送済み（転送のアイコン）といった状態が分かります。なお、閲覧ウィンドウに本文を表示したタイミングでメールは開封済みになります

◆未開封のメール　　◆転送済みのメール

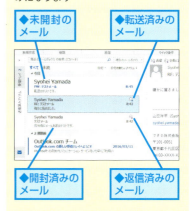

◆開封済みのメール　◆返信済みのメール

 話題が変わる場合は新規にメールを作成しよう

新規の用件なら、新しくメールを作成しましょう。過去にもらった別件のメールを探し、それに返信するのは、「RE:」というタイトルが付いてしまうため、スマートではありません。

Point
差出人のみに返信でいいのかよく確認しよう

メールを返信する場合、メールの差出人が宛先となり、件名の先頭に自動で「RE:」が追加されます。「RE:」は「〜について」を意味し、リプライであることを表します。受け取った相手に、自分の付けた件名に対する返信であることがひと目で分かる仕組みになっているのです。数人でメールを使って打ち合わせをするような場合は、[全員に返信]ボタンを利用して必ず全員にメールを返信し、連絡漏れがないようにしましょう。[返信]ボタンでは、差出人にしか返事が届きません。

14 返信

できる 65

レッスン 15

ファイルをメールで送るには

ファイルの添付

メールには、画像やOffice文書といったファイルを添付して送ることもできます。ここでは、ファイルを添付したメールを送信してみましょう。

▶キーワード

| 添付ファイル | p.246 |

1 [ファイルの挿入] ダイアログボックスを表示する

レッスン⑫を参考に、メールを作成しておく

ここでは、あらかじめ [ピクチャ] フォルダーに保存しておいた画像を添付する

❶ [メッセージ] タブをクリック

❷ [ファイルの添付] をクリック

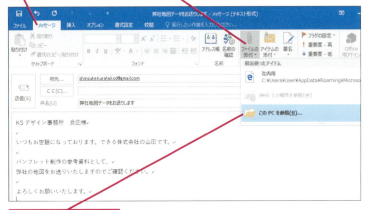

❸ [このPCを参照] をクリック

2 [ピクチャ] フォルダーの内容を表示する

[ファイルの挿入] ダイアログボックスが表示された

❶ [PC] のここをクリック

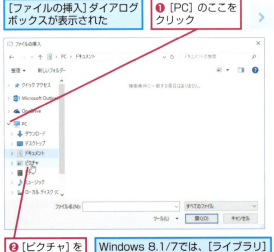

❷ [ピクチャ] をクリック

Windows 8.1/7では、[ライブラリ] - [ピクチャ]をクリックする

 ファイルの内容を確認してから添付しよう

ファイルを添付するときは、目的のファイルかよく確認しておきましょう。添付の有無にかかわらず、メールを送信すると、後から取り消しはできません。

 プログラムファイルはメールで送付できない

Outlookにプログラムファイルを添付して、[送信] ボタンをクリックすると、警告のメッセージが表示されます。これはプログラムファイルを「悪意のあるユーザーがシステムに重大な被害を与えることができる種類のファイル」とOutlookが判断するためです。[はい] ボタンをクリックしてメールを送信しても、相手にデータが届かない場合があります。プログラムファイルをメールで送付したいときは、ZIP形式に圧縮したファイルを添付しましょう。

プログラムファイルを添付して [送信] をクリックすると、警告のメッセージが表示される

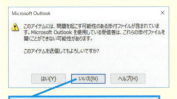

[いいえ] をクリックして、添付したファイルを削除する

 間違った場合は?

手順2で [ピクチャ] 以外の内容を表示してしまった場合は、そのままもう一度 [ピクチャ] を選択し直します。

❸ ファイルを選択する

[ピクチャ]フォルダーの内容が表示された

❶ メールに添付するファイルをクリック

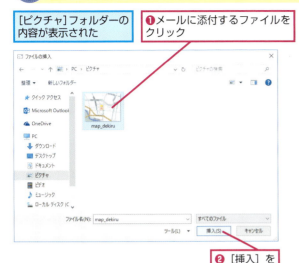

❷ [挿入]をクリック

❹ メールを送信する

[添付ファイル]に添付したファイルの名前とファイルサイズが表示された

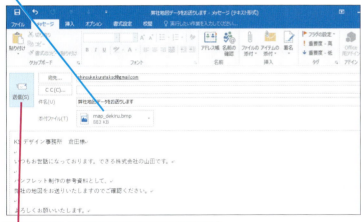

[送信]をクリック

ファイルを添付したメールが送信される

 ファイルの添付をやめるには

手順4で表示された添付ファイルが目的のファイルと違っていたときは、添付ファイルの名前をクリックして選択し、Deleteキーを押して削除しましょう。

 ファイルサイズに気を付けよう

添付は便利な機能ですが、メールサービス側の制限を超えたサイズのファイルはメールで送付できません。また、デジタルカメラで撮影した画像や動画をそのまま送ると、メールの送信や受信に時間がかかり、相手に迷惑をかける場合もあります。サイズが大きいファイルは、メールに添付するのではなく、ファイルを別の所においておき、その在処を伝えて共有する方法を検討してください。なお、[送信]ボタンをクリックした後に「添付ファイルのサイズがサーバーで許容されている最大サイズを超えています。」というメッセージが表示されたときは、[OK]ボタンをクリックして添付したファイルを削除しましょう。

Point
メールの特性を生かしてファイルを共有しよう

このレッスンで解説した方法を実行すれば、パソコンにあるファイルをすぐにメールで送信できます。ただし、ファイルの種類やファイルサイズによっては、添付ができない場合もあります。さらに、デジタルカメラで撮影した写真などは事前にサイズを小さくしておく配慮も必要です。また、ファイルの内容や添付ファイルがあることが分かるように件名やメッセージ内容を工夫しましょう。大きなサイズのファイルを添付するときは、事前にその旨を相手に伝えておき、承諾を得てからファイルを送るとスマートです。

レッスン 16

WebページのURLを共有するには

コピー、貼り付け

インターネットの情報をメールで知らせたいときは、URLを本文中にコピーします。送信相手がURLをクリックすると、Webブラウザーが自動的に起動します。

▶キーワード

URL	p.243
Webブラウザー	p.243
メール	p.247

ショートカットキー

Alt + D	URLの全選択
Ctrl + C	コピー
Ctrl + V	貼り付け
Ctrl + Z	元に戻す

① Webブラウザーを起動する

Outlook 2016を起動しておく

[Microsoft Edge]をクリック

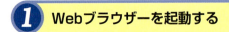

② URLを入力する

Microsoft Edgeが起動した

▼できるネットのWebページ
https://dekiru.net/

❶上記のURLをアドレスバーに入力
❷ Enter キーを押す

HINT! 地図専用のURLが用意されている場合もある

地図サービスでは、場所の共有に利用できる専用のURLを取得できます。例えばGoogleマップでは、地図上に赤いピンが立った状態で、画面左の[共有]をクリックしてURLを取得できます。このURLをメールで伝えれば、ピンの位置を正確に伝えられます。

▼GoogleマップのWebページ
https://www.google.co.jp/maps/

GoogleマップのWebページを表示し、目的地に赤いピンを立てておく

❶[共有]をクリック

❷[リンクを共有]をクリック
❸ここをクリック

Ctrl + A キーでURLをすべて選択し、Ctrl + C キーでURLをコピーする

③ WebページのURLをコピーする

共有するWebページを表示しておく

❶アドレスバーをクリック
URLが選択された
❷URLを右クリック

❸[コピー]をクリック

④ Outlookに切り替える

起動中のOutlook 2016に切り替える

[Outlook 2016]をクリック

⑤ メールにURLを貼り付ける

| Outlookに切り替わった | レッスン⑫を参考に、メールを作成しておく | ❶URLを挿入する場所をクリック |

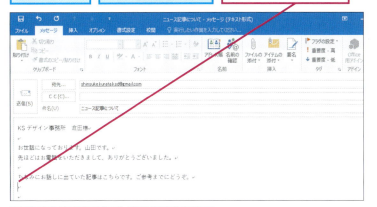

| ❷[メッセージ]タブをクリック | ❸[貼り付け]をクリック |

⑥ メールにURLが貼り付けられた

| コピーしたURLが貼り付けられた | [送信]をクリックしてメールを送信する |

 動画のURLをコピーするには

YouTubeで見つけた動画も、URLをメールで知らせれば、相手に見てもらえます。YouTubeでは、共有機能が用意され、その動画の再生開始位置まで指定したURLを取得できます。

▼YouTubeのWebページ
https://www.youtube.com/

| YouTubのWebページで[共有]をクリックすると、URLが表示される |

 間違った場合は?

URLを貼り付ける位置を間違ってしまったときは、クイックツールバーの[元に戻す]ボタンをクリックしてURLの貼り付けを取り消します。正しい位置をクリックして貼り付けをやり直してください。

Point
Webページの情報をすぐに共有できる

Webページのほか、インターネットから参照できる地図や動画がある場合は、そのURLをメールで相手に伝えることで、同じ情報をすぐに共有できます。画面のスクリーンショットなどを送るのに比べ、メール本体の容量も少なくて済み、何よりもスマートです。ただし、相手に不安を与えないように、リンク先の内容が何かきちんと説明するようにしましょう。また、インターネット上にある情報は、日々更新されています。後から確認したときにURLの参照先が変わっていたり、なくなっていたりする場合もあります。

レッスン 17

添付ファイルを開かずに内容を確認するには

ワンクリックプレビュー

メールに添付された一部のファイルは、その場で内容を確認できます。添付ファイルを選択すると、閲覧ウィンドウにファイルの内容が表示されます。

1 添付ファイルを表示する

ファイルが添付された
メールを受信した

❶メールをクリック

添付ファイルを示すアイコンが表示されている

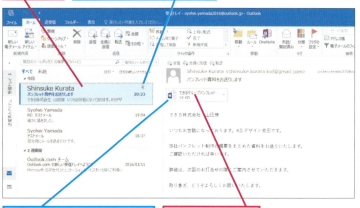

閲覧ウィンドウに添付ファイルのアイコンが表示された

❷添付ファイルをクリック

2 添付ファイルが表示された

添付ファイルの内容が表示された

ここを下にドラッグしてスクロール

▶キーワード

閲覧ウィンドウ	p.244
添付ファイル	p.246
メール	p.247

 プレビューできるファイルの種類とは

Outlookの閲覧ウィンドウでは、ExcelやWord、PowerPointなどのOffice文書をはじめ、JPEG形式やPNG形式などの画像ファイルの内容がプレビューで表示されます。Office文書の場合は、専用のビューワーツールが起動してファイルの内容が表示されます。

 プレビューできないファイルもある

Outlookのビューワーツールが対応していない添付ファイルを選択したときは、「このファイルのプレビューを表示できません。このファイル形式用のプレビューアーがインストールされていません。」というメッセージが表示されます。また、閲覧できるアプリケーションがパソコンにあってもプレビューが表示されないことがあります。ファイルの送信元が安全と分かっているときは、手順1で添付ファイルをダブルクリックし、[添付ファイルを開いています]ダイアログボックスで[開く]ボタンをクリックしてください。

 間違った場合は?

手順1でファイルを添付していないメールを開いてしまった場合は、もう一度メールを選択し直します。

❸ メール本文を表示する

添付ファイルの末尾まで表示された

閲覧ウィンドウを切り替えてもう一度メール本文を表示する

[メッセージに戻る]をクリック

❹ メール本文が表示された

閲覧ウィンドウにメール本文が表示された

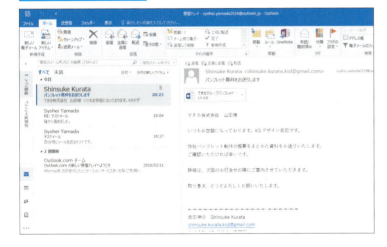

入手先を確認する警告が表示されたときは

テキストファイルのほか、一部の添付ファイルをクリックすると、[ファイルのプレビュー]ボタンが画面に表示されます。[ファイルのプレビュー]ボタンが表示されたときは、クリックして内容を確認しましょう。ただし、ファイルによっては、内容の一部が表示されない場合があります。また、テキストファイルの場合は、ファイルそのものが送付中に破損して、データが文字化けすることもあります。その場合は、圧縮したテキストファイルを送ってもらいましょう。

テキストファイルをクリックしたら、警告のメッセージが表示された

[ファイルのプレビュー]をクリック

テキストファイルの内容が表示された

Point

その場でファイル内容を確認できる

Office文書や画像、テキストファイルなど、メールで受け取った多くのファイルは、その場で表示して内容を確認できます。内容を参照するだけなら、プレビュー表示で十分なことが多いものです。対応するアプリケーションが起動する時間を待つことなく内容を確認できるため、スピーディーに大量のメールを処理できます。

17 ワンクリックプレビュー

できる 71

レッスン 18

添付ファイルを保存するには

添付ファイルの保存

受け取ったメールに添付されているファイルを単独で保存してみましょう。信頼できる相手からのメールであることを十二分に確認することが重要です。

1 添付ファイルのあるメールを選択する

添付ファイルを示すアイコンが表示されている

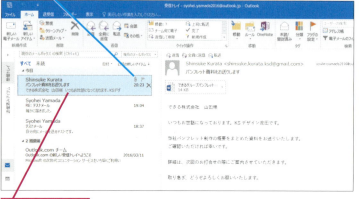

メールをクリック

2 [添付ファイルの保存]ダイアログボックスを表示する

添付ファイルを保存する

❶ 添付ファイルのここを右クリック

❷ [名前を付けて保存]をクリック

[添付ファイルの削除]をクリックすると、添付ファイルが削除される

▶キーワード

添付ファイル	p.246
フォルダーウィンドウ	p.247
メール	p.247

 開けない添付ファイルもある

プログラムファイルやアプリケーション形式のファイルが添付されていた場合は、警告のメッセージが表示され、自動でファイルが削除されます。これは、「パソコンに危害を与える可能性がある」とOutlookが判断するためです。拡張子が「.bat」「.exe」「.vbs」「.js」のファイルは、Outlookで受け取れません。メールで受け取りたいときは、ZIP形式などに圧縮したファイルを再送してもらいましょう。

被害を与える可能性のあるファイルが削除され、メッセージが表示される

 間違った場合は?

手順2で、添付ファイルのアイコンをダブルクリックしてしまったら、いったん開いたウィンドウを閉じ、もう一度手順2から操作をやり直します。

③ 添付ファイルを保存する

[添付ファイルの保存]ダイアログボックスが表示された

ここでは添付ファイルを[ドキュメント]フォルダーに保存する

❶[PC]のここをクリック

❷[ドキュメント]をクリック

Windows 8.1/7では、[ライブラリ]-[ドキュメント]をクリックする

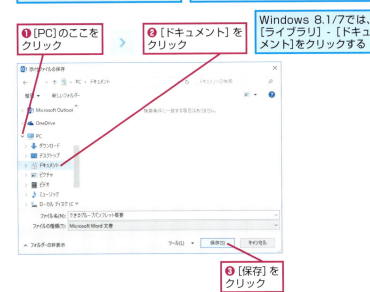

❸[保存]をクリック

④ 保存したファイルを確認する

[ドキュメント]フォルダーに保存したファイルを確認する

❶[エクスプローラー]をクリック

フォルダーウィンドウが表示された

❷[ドキュメント]をダブルクリック

Windows 8.1/7では、[ライブラリ]-[ドキュメント]をクリックする

[ドキュメント]フォルダーに保存した添付ファイルが表示された

[閉じる]をクリックして[ドキュメント]を閉じておく

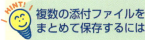

複数の添付ファイルをまとめて保存するには

添付ファイルが複数あるときは、いずれかの添付ファイルをクリックし、[添付ファイルツール]の[添付ファイル]タブにある[すべての添付ファイルを保存]ボタンをクリックするといいでしょう。表示される[添付ファイルの保存]ダイアログボックスで添付ファイルを確認し、[OK]ボタンをクリックすると[すべての添付ファイルを保存]ダイアログボックスが表示されます。手順3以降の操作を参考にファイルを保存してください。

セキュリティー対策ソフトが添付ファイルが安全か検査している

メールの添付ファイルは、受信時から開こうとする間までの、何段階ものタイミングで検査され、危険であれば隔離されます。それを担うのがセキュリティ対策ソフトです。Windows 10/8.1では、標準でWindows Defenderが装備されていますが、Windows 7では、市販の製品やMicrosoft Security Essentialなどをインストールして万が一に備えましょう。

Point

添付ファイルは危険と便利が背中合わせ

添付ファイルは、パソコンで扱えるさまざまな種類のデータをやりとりすることができ、とても便利です。ただ、その半面、ウイルス感染などの原因になる可能性もあり、扱いには十分な注意が必要です。見知らぬ人からの添付ファイルは、開かずに、その場でレッスン㉑を参考に[削除]ボタンをクリックしてメールごと削除しましょう。また、差出人が知り合いであっても、完全に安心はできません。タイトルに不審さを感じたり、心当たりがまったくなかったりする場合は、いったんファイルを保存し、ウイルスチェックなどをしてから開きましょう。

レッスン 19

メールを印刷するには

印刷

メールを印刷すれば、外出時などに持ち出して参照できます。訪問先の場所や打ち合わせ時間、相手の部署名、内線番号などを確認したいときに便利です。

1 [印刷]の画面を表示する

| パソコンにプリンターを接続して電源をオンにしておく | レッスン⓭を参考に、印刷するメールをウィンドウで表示しておく |

❶[ファイル]タブをクリック

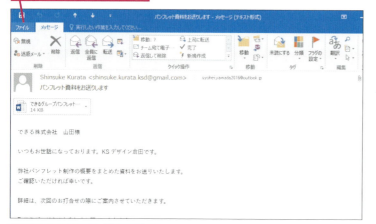

[情報]の画面が表示された

❷[印刷]をクリック

▶ **キーワード**

スマートフォン	p.246
タブレット	p.246
メール	p.247
メッセージ	p.247

 ショートカットキー

Ctrl + P ……… メールの印刷
Alt + F4 …… ウィンドウを閉じる

HINT! スマートフォンやタブレットからでもメールを確認できる

スマートフォンやタブレットなど、さまざまな機器からでも同じメールを読み書きできます。印刷せずに、それらの機器を使ってメールを参照してもいいでしょう。詳しくは、第9章を参照してください。

 間違った場合は?

手順3で間違って[プレビュー]ボタンをクリックしたときは、[印刷オプション]をクリックして[印刷]を表示するか、[印刷]ボタンをクリックして印刷を実行します。

❷ 印刷設定を確認する

[印刷]の画面が表示された

❶接続しているプリンターが表示されていることを確認

❷印刷内容を確認

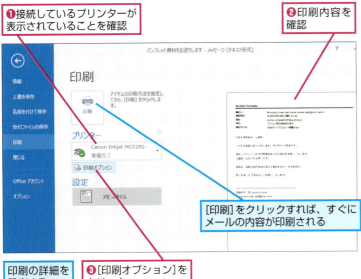

印刷の詳細を設定する

❸[印刷オプション]をクリック

[印刷]をクリックすれば、すぐにメールの内容が印刷される

❸ 印刷部数を設定する

[印刷]ダイアログボックスが表示された

❶[部数]をクリックして印刷部数を設定

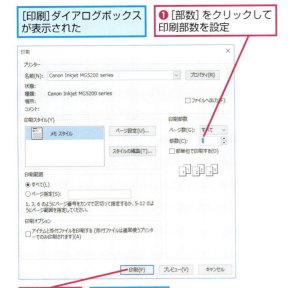

❷[印刷]をクリック

メールの内容が印刷される

HINT! 複数のメールをまとめて印刷できる

関連する一連のメッセージをまとめて印刷することもできます。複数のメールを選択して右クリックし、[クイック印刷]を選びましょう。

❶メールをクリック

❷Ctrlキーを押しながら別のメールをクリック

❸メールを右クリック

❹[クイック印刷]をクリック

Point

印刷すれば気軽に持ち歩ける

メールで訪問先の詳しい情報や、待ち合わせ場所に関する情報を受け取った場合は、その内容を印刷して携帯すると便利です。手書きでメモをとるのに比べ、写し間違いもありません。ただし、用が済んだからといって、印刷されたメールを不用意に処分しないように注意しましょう。そのメールに電話番号や住所などの個人情報が記載されている場合、情報の漏えいが心配です。処分の際には十分な注意が必要です。

19 印刷

できる 75

レッスン 20

迷惑メールを振り分けるには

受信拒否リスト、迷惑メール

Outlookは、迷惑メールを検知すると、そのメールを[迷惑メール]フォルダーに移動します。このフォルダーを開かない限り、目に触れることもなくなります。

メールを手動で[迷惑メール]フォルダーに移動する

1 メールを選択する

[受信トレイ]を表示しておく

迷惑メールに指定したいメールを選択する

メールをクリック

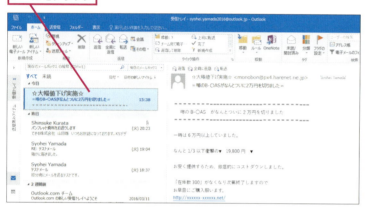

2 メールを迷惑メールに指定する

❶ [ホーム]タブをクリック　❷ [迷惑メール]をクリック

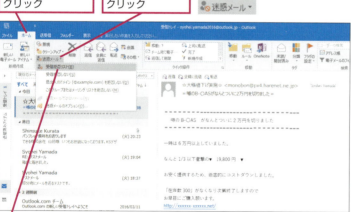

❸ [受信拒否リスト]をクリック

▶キーワード

差出人	p.245
受信トレイ	p.245
ビュー	p.246
フォルダー	p.247
メールアドレス	p.247
迷惑メール	p.247

「迷惑メール」って何？

「迷惑メール」とは受信側の承諾を得ずに、無差別に送信される広告などのメールです。「SPAM(スパム)メール」とも呼ばれ、一種の社会問題にもなっています。

「受信拒否リスト」って何？

受信トレイに受信したくない迷惑メールが配信される場合があります。「受信拒否リスト」に差出人アドレスやドメインを登録しておくことで、同じ差出人から届くメールが迷惑メールとして処理されるようになります。

間違った場合は？

手順2で[受信拒否しない]をクリックしてしまったときは、もう一度そのメールを選択し、[迷惑メール]ボタンから[受信拒否リスト]をクリックします。

❸ 迷惑メールに関するダイアログボックスが表示された

メールの差出人が受信拒否リストに追加され、メールが［迷惑メール］フォルダーに移動したことを確認するダイアログボックスが表示された

［OK］をクリック

❹ 迷惑メールを振り分けられた

迷惑メールが［迷惑メール］フォルダーに移動した

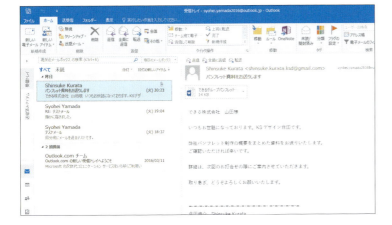

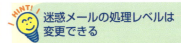

HINT! 迷惑メールの処理レベルは変更できる

メールサービスによっては、受信した時点で迷惑メールを判別する機能を持っています。こうしたサービスがあることを前提に、Outlookの迷惑メール処理レベルは［自動処理なし］に設定されています。［自動処理なし］の状態で迷惑メールと思われるメールが数多く届く場合は、処理レベルを［低］や［高］に変更して様子を見てみましょう。ただし［迷惑メールを迷惑メールフォルダーに振り分けないで削除する］を選択すると、実際には迷惑メールでないメールが削除されてしまうことがあるので、注意してください。Outlookは、迷惑メールを判断するためのデータを基に受信したメールを分析し、迷惑メールを処理します。

❶［ホーム］タブをクリック

❷［迷惑メール］をクリック　❸［迷惑メールのオプション］をクリック

［迷惑メールのオプション］ダイアログボックスが表示された

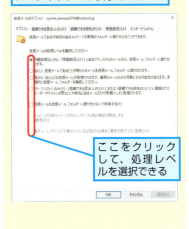

ここをクリックして、処理レベルを選択できる

次のページに続く

20 受信拒否リスト、迷惑メール

77

間違って迷惑メールとして処理されたメールを戻す

5 [迷惑メール] フォルダーの内容を表示する

❶ここを
クリック

フォルダーウィンドウが
表示された

❷ [迷惑メール]
をクリック

6 メールを確認する

[迷惑メール] フォルダー
の内容が表示された

❶メールを
クリック

❷内容を確認

7 メールを [受信トレイ] フォルダーに戻す

迷惑メールではないので、[受信トレイ]
フォルダーに戻す

❶[ホーム] タブを
クリック

❷ [迷惑メール] を
クリック

❸ [迷惑メールではないメール]
をクリック

 必要なメールが迷惑メールになっていないかを確認しよう

前ページのHINT!で解説したように、Outlookの迷惑メール処理レベルが [自動処理なし] の場合は迷惑メールフィルターが無効ですが、受信拒否リストに登録したメールアドレスから届くメールは [迷惑メール] フォルダーに振り分けられます。ただし、受信拒否リストに登録していないのに [迷惑メール] フォルダーにメールが仕分けされてしまうことがあります。手順5以降では「迷惑メールでないのに [迷惑メールフォルダー] に仕分けられてしまったメール」を [受信トレイ] フォルダーに移動し、同じメールが [迷惑メール] フォルダーに振り分けられないようにします。

迷惑メール処理を変更するには

ビューに表示されているメールを右クリックすると、ショートカットメニューが表示されます。[迷惑メール] をクリックして表示される一覧からでも受信拒否リストの登録や解除、迷惑メールの処理レベルの変更ができます。

迷惑メールがたまってきたら削除しよう

迷惑メールがフォルダー内にたまってきたら、削除してしまいましょう。フォルダーを開き、[Ctrl]+[A]キーですべてのメールを選択し、[ホーム] タブの [削除] ボタンをクリックします。たくさんの迷惑メールがたまったままでは、処理ミスで移動されたメールを見落としてしまう可能性が高くなります。

間違った場合は？

手順7～8で、間違って迷惑メールを [受信トレイ] フォルダーに戻してしまった場合は、戻したメールをクリックして手順1～4の操作をし直します。

8 迷惑メールの設定を変更する

[迷惑メールではないメールとしてマーク]ダイアログボックスが表示された

次回以降、このメールアドレスから届くメールが迷惑メールとして処理されないように設定する

❶[(差出人のメールアドレス)からの電子メールを常に信頼する]にチェックマークが付いていることを確認

❷[OK]をクリック

9 [受信トレイ]フォルダーを表示する

[迷惑メール]フォルダーからメールが移動した

[受信トレイ]をクリック

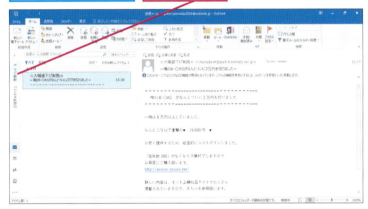

10 メールを移動できた

[迷惑メール]フォルダーから[受信トレイ]フォルダーに移動したメールが表示された

次回以降、このメールアドレスから届くメールは[受信フォルダー]に保存される

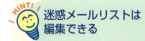

迷惑メールリストは編集できる

迷惑メールのオプションでは、[信頼できる差出人のリスト]タブや[信頼できる宛先のリスト]タブ、[受信拒否リスト]タブを開き、それぞれのリストに新規追加したり、過去に設定したものを削除したりできます。

77ページのHINT!を参考に、[迷惑メールのオプション]ダイアログボックスを表示しておく

[信頼できる差出人のリスト]タブをクリック

[追加]をクリックすればアドレスを追加できる

Point

不愉快な迷惑メールを隔離できる

迷惑メールは、不法に入手したアドレスのリストなどを基に、一方的に送り付けられてきます。内容的にも気分の悪くなるものが少なくありません。こうしたメールは、目に触れることなく、抹消してしまいたいものです。メールサービスやOutlookの処理機能によって迷惑メールの多くは[迷惑メール]フォルダーに仕分けされますが、間違って処理されたメールは、[受信トレイ]に表示されるように設定しておきます。通常のメールが間違って迷惑メールとして処理されていないかどうか、定期的に[迷惑メール]フォルダーの内容を表示し、一覧を確認するようにしておきましょう。

レッスン 21

メールを削除するには

削除

必要のないメールは、その場で削除してしまいましょう。削除したメールは[削除済みアイテム]フォルダーに移動するので、必要に応じていつでも元に戻せます。

① メールを選択する

削除するメールを選択する　　メールをクリック

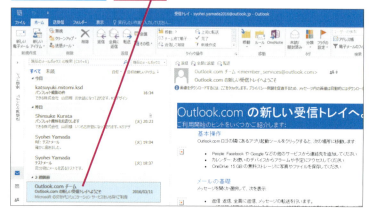

▶キーワード

削除済みアイテム	p.245
受信トレイ	p.245
メール	p.247

 ショートカットキー

Delete ………… メールの削除
Ctrl + D ………… メールの削除

HINT! [削除済みアイテム]をOutlookの終了時に削除するには

Outlookの終了時に毎回[削除済みアイテム]フォルダーを空にするには、[ファイル]タブの[オプション]をクリックし、以下の手順で操作します。

レッスン⑩を参考に、[Outlookのオプション]ダイアログボックスを表示しておく

❶[詳細設定]をクリック

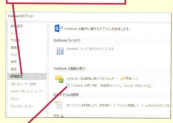

❷[Outlookの終了時に、削除済みアイテムフォルダーを空にする]をクリックしてチェックマークを付ける

❸[OK]をクリック

② メールを削除する

❶[ホーム]タブをクリック　　❷[削除]をクリック 削除

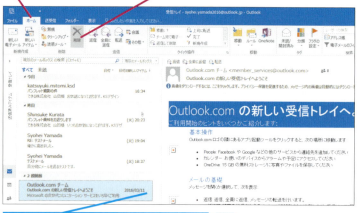

右端にマウスポインターを合わせたときに表示される、[クリックしてアイテムを削除します。]をクリックしてもいい

⚠ 間違った場合は？

間違って必要なメールを削除してしまった場合は、[削除済みアイテム]フォルダーを表示してメールを右クリックし、[移動]-[受信トレイ]の順にクリックしてください。

❸ メールが［削除済み］フォルダーに移動した

| メールが［受信トレイ］フォルダーから［削除済みアイテム］フォルダーへ移動した | 削除したメールを確認する |

❶ここをクリック

| フォルダーウィンドウが表示された | ❷［削除済みアイテム］をクリック |

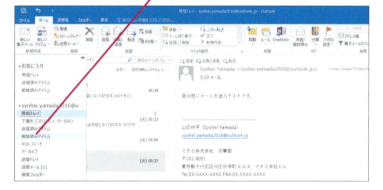

❹ ［削除済みアイテム］フォルダーの内容が表示された

［削除済みアイテム］フォルダーに移動したメールが表示された

［受信トレイ］をクリックして［受信トレイ］フォルダーを表示しておく

すべてのメールを手動で削除するには

以下の手順を実行すると［削除済みアイテム］フォルダーにあるすべてのメールが完全に削除されます。Outlookの終了時に［削除済みアイテム］フォルダーを空にするように設定していないときにお薦めです。ただし、本当に削除していいのかを事前に確認しておきましょう。

［削除済みアイテム］フォルダーの内容を表示しておく

❶［フォルダー］タブをクリック　❷［フォルダーを空にする］をクリック

確認のダイアログボックスが表示された

❸［はい］をクリック

メールが完全に削除される

Point
もし迷ったら、削除せずにメールを残しておこう

どのメールを残し、どのメールを削除するかの判断は、なかなか難しいものです。通常、削除したメールは二度と確認ができません。メールの容量は、動画や音楽のファイルなどと比べれば、はるかに小さいサイズです。10年間にやりとりしたすべてのメールを残しておいても、たいしたサイズにはなりません。また、検索のスピードにもほとんど影響はありません。後からメールを見返す機会は少ないかもしれませんが、削除するか迷ったメールは、そのまま残しておきましょう。

レッスン 22

プロバイダーのメールアカウントを追加するには
POPまたはIMAP

Outlookは、複数のメールアカウントのメールを一元管理できます。このレッスンでは、プロバイダーから取得したメールアカウントをOutlookに追加します。

メールアカウントの設定

▶キーワード

Gmail	p.242
IMAP	p.242
POP	p.243
SMTP	p.243

1 [アカウントの追加]ダイアログボックスを表示する

プロバイダーから取得したメールアドレスを追加で設定する

❶[ファイル]タブをクリック

[アカウント情報]の画面が表示された

❷[アカウントの追加]をクリック

HINT! メールアカウントを自動で設定できる場合もある

一部のプロバイダーは、Outlookの自動設定に対応しています。手順2で[電子メールアカウント]を選択し、以下の方法で操作してみましょう。自動設定を実行すると、メールサーバーに接続され、設定情報が読み込まれる場合があります。自動設定がうまくいかない場合は、このレッスンの手順で設定してください。

❶名前とプロバイダーのメールアドレス、パスワードを入力

❷[次へ]をクリック

2 メールアカウントの設定方法を選択する

[アカウントの追加]ダイアログボックスが表示された

ここではメールアカウントを手動で設定する

❶[自分で電子メールやその他のサービスを使うための設定をする(手動設定)]をクリック

メールサーバーへの接続設定が開始される

確認のダイアログボックスが表示された

❸[許可]をクリック

設定に成功した場合は、手順11以降の操作を行う

❷[次へ]をクリック

❸ サーバーの種類を選択する

❶ [POPまたはIMAP] をクリック

❷ [次へ] をクリック

❹ メールアカウントの情報を入力する

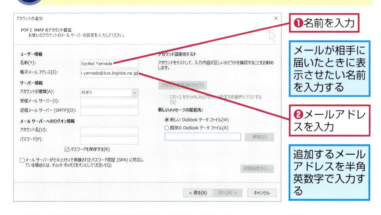

❶ 名前を入力

メールが相手に届いたときに表示させたい名前を入力する

❷ メールアドレスを入力

追加するメールアドレスを半角英数字で入力する

❺ メールサーバーの情報を入力する

サーバー情報をそれぞれ半角英数字で入力する

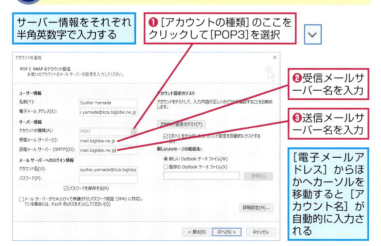

❶ [アカウントの種類] のここをクリックして [POP3] を選択

❷ 受信メールサーバー名を入力

❸ 送信メールサーバー名を入力

[電子メールアドレス] からほかへカーソルを移動すると [アカウント名] が自動的に入力される

注意 操作2～3のサーバー情報は、契約しているプロバイダーから提供されている会員証などを参考に入力してください。

💡HINT! Gmailを設定するには

Gmailの初期状態の設定では、OutlookからメールをGmailで設定できません。OutlookからGmailを読むには、[安全性の低いアプリ] を [有効] の設定にします。その後、Gmailのアカウントを使って前ページのHINT!の操作を行ってください。

ブラウザーでhttp://google.com/にアクセスして、ログインしておく

❶ アカウント名をクリック

❷ [アカウント] をクリック

❸ [ログインとセキュリティ] をクリック

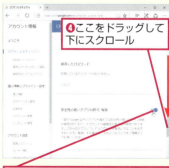

❹ ここをドラッグして下にスクロール

❺ [安全性の低いアプリの許可] のここをクリックして有効にする

次のページに続く

6 メールサーバーに接続するための情報を入力する

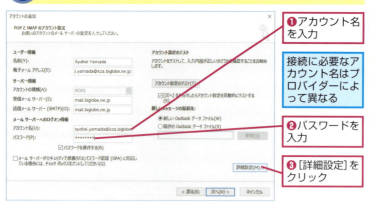

❶ アカウント名を入力

接続に必要なアカウント名はプロバイダーによって異なる

❷ パスワードを入力

❸ [詳細設定] をクリック

7 送信サーバーの認証方法を変更する

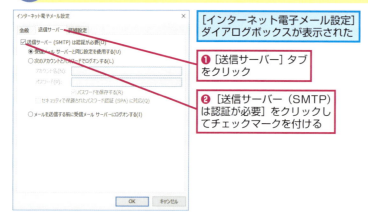

[インターネット電子メール設定] ダイアログボックスが表示された

❶ [送信サーバー] タブをクリック

❷ [送信サーバー (SMTP) は認証が必要] をクリックしてチェックマークを付ける

8 サーバーとの通信方法を設定する

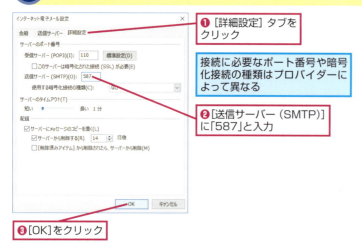

❶ [詳細設定] タブをクリック

接続に必要なポート番号や暗号化接続の種類はプロバイダーによって異なる

❷ [送信サーバー (SMTP)] に「587」と入力

❸ [OK] をクリック

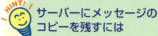 **サーバーにメッセージのコピーを残すには**

通常、POP3形式のメールを受信すると、そのメールはメールサーバーから削除されます。手順8の [詳細設定] タブにある [サーバーにメッセージのコピーを置く] にチェックマークを付けておけば、自宅にあるパソコンでメールを受信しても、別のパソコンで同じメールを受信できます。同様に、外出先のパソコンやスマートフォンのWebブラウザーを利用して同じメールを受信できるので、便利です。

 なぜサーバーからメールを削除する設定にするの？

手順8の [詳細設定] タブでは、[サーバーから削除する] にチェックマークを付けたままにしています。このように設定しておくと、パソコンで受信したメールが14日後にメールサーバーから削除されます。メールサーバーに大量のメールが保存されたままにしておくと、新着メールを受信できなくなることがあるので、チェックマークを付けておきましょう。

 送信サーバーには587番ポートを設定する

手順8の操作2では、[送信サーバー] を標準で設定されている「25」から「587」に変更します。これらの数字は、メールの送信先となるメールサーバーの窓口番号です。25番ポートの場合、プロバイダーを経由せずにメールを送信できるので、悪意のあるユーザーが迷惑メールを大量に送信し、社会問題になっていました。現在、一般的なプロバイダーでは25番ポートを遮断しています。587番ポートを送信サーバーに指定して、ユーザー名やパスワードの認証を行うことで、プロバイダーがユーザーを認証する仕組みになっていますが、送信サーバーの番号については、プロバイダーから提供されている会員証やプロバイダーの設定ページなどを確認してください。

❾ メールアカウントの設定を確認する

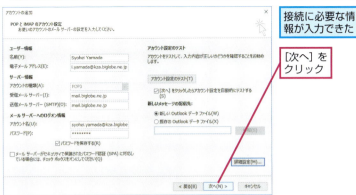

接続に必要な情報が入力できた

[次へ]をクリック

❿ メールアカウントの接続テストを行う

[テストアカウント設定]ダイアログボックスが表示された

ここにテスト結果が表示される

[閉じる]をクリック

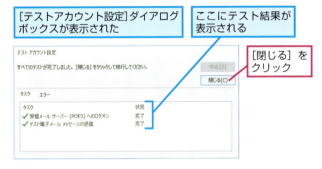

⓫ メールアカウントの設定を完了する

Outlookでメールを送受信するための設定が完了した

[完了]をクリック

HINT! 既定のアカウントを設定するには

複数のアカウントを追加した場合、差出人の情報や送信に使われるアカウントは、既定に設定されたものとなります。最もよく使うアカウントを既定に設定しておきましょう。

レッスン❿を参考に、[アカウント情報]の画面を表示しておく

❶[アカウント設定]をクリック
❷[アカウント設定]をクリック

[アカウント設定]ダイアログボックスが表示された

❸既定に設定したいアカウントをクリック
❹[既定に設定]をクリック

HINT! アカウントの設定を後から変更するには

アカウントの設定は、[アカウント設定]ダイアログボックスで後から変更できます。設定を変更するアカウントを選択して[変更]ボタンをクリックし、83ページの手順4以降の操作を参考にして設定を行います。

上のHINT!を参考に、[アカウント設定]ダイアログボックスを表示しておく

❶設定を変更したいアカウントをクリック
❷[変更]をクリック

次のページに続く

メールの送受信

12 メールを受信する

メールアカウントが追加できたので送受信を行う

❶ [送受信] タブをクリック
❷ [すべてのフォルダーを送受信] をクリック

HINT! 特定のアカウントのメールのみ受信するには

[すべてのフォルダーを送受信] ボタンをクリックすると、すべてのアカウントでメールの送受信が実行されますが、下の操作を行うことで、特定のアカウントだけを選択してメールの送受信ができます。

❶ [送受信グループ] をクリック
❷ [受信トレイ] をクリック

テクニック ドコモメールをOutlookで使うには

ドコモメール（○▲□■@docomo.ne.jp）をスマートフォンなどで利用しているときは、以下の手順でOutlookにアカウントを追加して、Outlookでメールの送受信ができるようになります。ただし、複数の機器でドコモメールのアカウントを利用するには、事前にNTTドコモのWebページでdアカウントを取得し、ドコモメールのdアカウント利用設定を有効にする必要があります。

手順4の画面を表示しておく

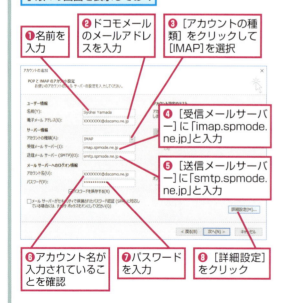

❶ 名前を入力
❷ ドコモメールのメールアドレスを入力
❸ [アカウントの種類] をクリックして [IMAP] を選択
❹ [受信メールサーバー] に「imap.spmode.ne.jp」と入力
❺ [送信メールサーバー] に「smtp.spmode.ne.jp」と入力
❻ アカウント名が入力されていることを確認
❼ パスワードを入力
❽ [詳細設定] をクリック

[インターネット電子メール設定] ダイアログボックスが表示された

❾ [送信サーバー] をクリック
❿ [送信サーバー (SMTP) は認証が必要] をクリックしてチェックマークを付ける
⓫ [詳細設定] タブをクリック
⓬ [このサーバーは暗号化された接続 (SSL) が必要] をクリックしてチェックマークを付ける
⓭ [受信サーバー (IMAP)] に「993」と入力
⓮ [送信サーバー (SMTP)] に「465」と入力

⓯ [使用する暗号化接続の種類] をクリックして [SSL] を選択
⓰ [OK] をクリック

手順9以降と同様に操作する

13 メールが受信される

[Outlook送受信の進捗度]の画面が表示された

設定されたすべてのメールアカウントに届いたメールの受信状況が表示される

14 新しいアカウントの[受信トレイ]フォルダーを確認する

メールを受信できた

❶ここをクリック

新しいアカウントのフォルダーが追加されている

❷アカウント名のここをクリック

❸[受信トレイ]をクリック

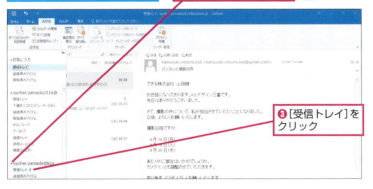

15 新しいアカウントで受信したメールを確認する

追加したアカウントの[受信トレイ]フォルダーが表示された

タイトルバーに表示中のフォルダー名が表示される

アカウントを選択して送信するには

アカウントを複数設定した場合、既定のアカウントが差出人となります。別のアカウントで送信したい場合は、メッセージのウィンドウの[差出人]ボタンをクリックして別のアカウントを選択しましょう。

フォルダーウィンドウが常に表示されるようにするには

追加したアカウントの[受信トレイ]フォルダーは、手順14の方法で選択できます。フォルダーウィンドウをすぐに確認したいときは、[フォルダーウィンドウの展開]ボタン（ ）をクリックして、常にフォルダーウィンドウが表示されるようにしましょう。

間違った場合は？

手順13でエラーが表示された場合は、いったん[すべて取り消し]ボタンをクリックし、少し間をおいて、もう一度[すべてのフォルダーを送受信]ボタンをクリックします。

Point

複数のアカウントを同時に管理できる

Outlookでは、プロバイダーから取得したPOP方式のメールアカウントをはじめ、IMAP方式のメールアカウントも追加できます。すべてOutlookでメールを確認できるようにしておけば、届いたメールを見逃すことがなくなります。プロバイダーのアカウントを設定するときは、受信サーバーと送信サーバー、そしてポート番号を正しく設定することが重要です。プロバイダーによっては、サーバー名の表記が異なる場合があるので、プロバイダーとの契約後に届いた会員証やメールの設定方法が掲載されたプロバイダーのWebページなどをよく確認してください。

この章のまとめ

●人と人とのコミュニケーションにメールは不可欠

プライベートからビジネスまで、メールは、現代社会の重要なコミュニケーション手段として、毎日、大量の情報を運ぶようになりました。Outlookは、それらを蓄積し、情報の活用を可能にします。電話やFAX、書簡といった手段よりも、次第に、メールがコミュニケーションの主役になりつつあります。Outlookを使うことで、メールをもっと有効に生かせるようになりましょう。

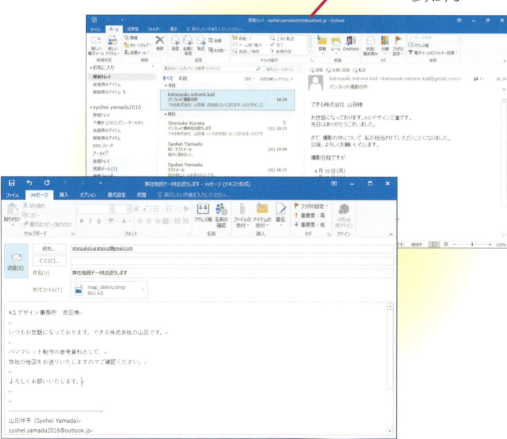

Outlookでさまざまな情報をやりとりしよう

Outlookでメールの受信や送信をする方法のほか、ファイルやURLをメールでやりとりする方法をマスターして、いろんな人とコミュニケーションを取れるようにする

第3章 メールを整理する

毎日 Outlook を使っていると、[受信トレイ] フォルダーに大量のメールが蓄積されていきます。Outlook には、これらをうまく整理し、個人情報として活用できるようにするための機能が豊富に用意されています。この章では、こうした機能について紹介します。

●この章の内容
- ㉓ たまったメールを整理しよう ……………………………… 90
- ㉔ メールを色分けして分類するには ………………………… 92
- ㉕ メールを整理するフォルダーを作るには ………………… 94
- ㉖ メールが自動でフォルダーに
  移動されるようにするには ……………………………………… 96
- ㉗ メールの一覧を並べ替えるには ……………………………… 100
- ㉘ 同じテーマのメールをまとめて読むには …………………… 102
- ㉙ 特定の文字を含むメールを探すには ………………………… 104
- ㉚ 色分類項目が付いたメールだけを見るには ……………… 106
- ㉛ さまざまな条件でメールを探すには ………………………… 108
- ㉜ 探したメールをいつも見られるようにするには ………… 110

たまったメールを整理しよう

メールの整理

Outlookは重要なメールに目印を付けたり、メールを特定のフォルダーに自動で仕分けしたりすることができます。分類や検索に関する操作を紹介しましょう。

メールの整理と分類

メールを日常的に使うようになると、毎日何十通、多いときには何百通ものメールが届くようになります。返信が必要なメールもあれば、すぐに読まなくてもいいメールもあり、必要な対応もさまざまです。こうして［受信トレイ］フォルダーには、大量のメールが蓄積されていきます。何万通ものメールがあっても、並び替えや色分類、フラグの機能を利用して整理すれば、有効に過去のメールを活用できます。

▶キーワード

色分類項目	p.244
検索フォルダー	p.245
受信トレイ	p.245
仕分けルール	p.245
フォルダー	p.247
フラグ	p.247

HINT! 整理用のフォルダーを一覧に追加できる

［受信トレイ］や［送信済みアイテム］が表示されるフォルダーウィンドウには、［お気に入り］があります。よく利用するフォルダーは、自動で［お気に入り］フォルダーに表示されますが、自分でフォルダーを作成して［お気に入り］フォルダーに追加できます。レッスン㉕では、［メールマガジン］というフォルダーを作成し、定期的に届くメールマガジンを移動しますが、特定のフォルダーを［お気に入り］にドラッグしておくと、すぐに目的のメールを確認できて便利です。

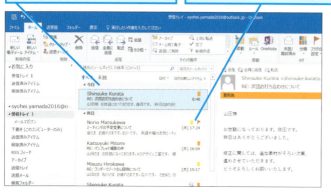

メッセージ一覧をさまざまな項目で並べ替えられる →レッスン㉗

色分類項目やフラグでメールに目印を付けられる →レッスン㉔

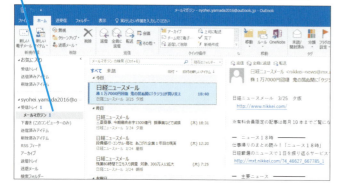

メールを新しいフォルダーに分けて分類できる →レッスン㉕

特定の差出人から届くメールを自動でフォルダーに仕分けされるようにできる →レッスン㉖

◆［お気に入り］フォルダー

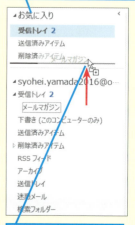

フォルダーをドラッグして［お気に入り］フォルダーに追加できる

メールの検索

メールのやりとりが増えると、返信の数が増え、どういう経緯でどんな内容を相手とやりとりしたのかを確認しにくくなることがあります。しかし、心配はありません。Outlookを使えば、同じ件名でやりとりしたメールを瞬時に表示できます。また、件名やメッセージ本文、署名などにあるキーワードのほか、色で分類したメールやメールの受信日時を条件にして、目的のメールを検索できます。

メールをキーワードや件名などで検索できる　→レッスン㉘、㉙

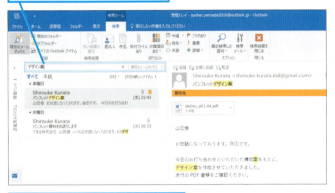

文字以外のさまざまな条件でメールを探せる　→レッスン㉚、㉛

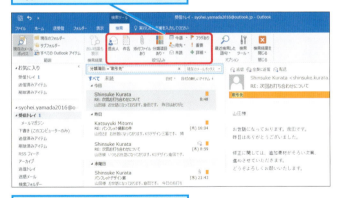

検索結果を「検索フォルダー」として保存しておける　→レッスン㉜

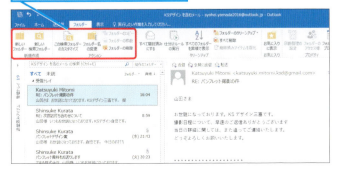

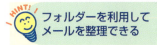

フォルダーを利用してメールを整理できる

Outlookでは、「仕事用のメール」「プライベートのメール」「重要なメール」というように、[受信トレイ]の下に自分でフォルダーを作成できます。フォルダーを作成しなくても特に問題はありませんが、大切なメールが埋もれないようにできるので便利です。また、「検索フォルダー」の機能を利用すれば、特定のメールアカウントを対象に「未読のメール」や「フラグの設定されたメール」「重要なメール」という条件から仮想のフォルダーを作成し、目的のメールを[検索フォルダー]に表示させることも可能です。

Point

メールを分類する方法や検索する方法を覚えよう

やりとりが増えるにつれ、[受信トレイ]フォルダーにメールがたまっていきますが、必ずしもメールを削除する必要はありません。紙の書類のように場所を占有するわけではないので、やりとりしたメールをすべて取っておいてもいいのです。取っておいたメールが資産になることもあります。Outlookには、目的のメールを見つけやすくする方法がたくさん用意されています。たとえ整理を怠り、無秩序にメールが蓄積されていても、Outlookがメールを瞬時に見つけてくれます。数十万通のメールがあっても、検索はほぼ瞬時です。この章では、メールの分類や仕分け、検索方法を紹介します。さまざまな方法を利用して、目的のメールをすぐに確認できるようにしましょう。

レッスン 24 メールを色分けして分類するには

色分類項目

メールを色で分類すれば、メールに色付きのラベルが表示され、付せんを貼ったようになります。特定のメールを見つけやすくなり、色で検索できるようになります。

▶キーワード

色分類項目	p.244
タスク	p.246
フラグ	p.247

1 色分類項目を設定する

色分類項目の項目名を設定する

❶ [ホーム] タブをクリック
❷ [分類] をクリック
❸ [すべての分類項目] をクリック

HINT! メールにフラグを設定するには

すぐには対応できないが、後で必ず対応が必要なメールには、以下の手順でフラグを付けるといいでしょう。フラグを付けたメールは、To Doバーのタスクリストにアイテムとして表示されます。返信などの対応が完了したら、フラグのアイコン（▶）をクリックして「完了済み」（✓）にします。フラグを消去するには、右クリックして [フラグをクリア] を選択してください。

メールにフラグを設定する

❶ メールにマウスポインターを合わせる

フラグのアイコンが表示された

❷ フラグのアイコンをクリック

メールにフラグが設定された

フラグのアイコンをもう一度クリックすると、完了済みの表示に変わる

2 色分類項目の名前を変更する

[色分類項目] ダイアログボックスが表示された

ここでは、オレンジ色の項目の名前を変更する

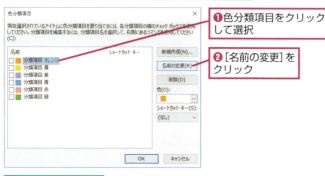

❶ 色分類項目をクリックして選択
❷ [名前の変更] をクリック

項目名が入力できる状態になった

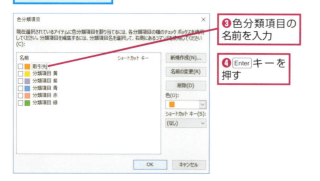

❸ 色分類項目の名前を入力
❹ Enter キーを押す

❸ 色分類項目を設定できた

色分類項目の項目名が変わった

手順1～2を参考に、黄色の項目の名前も変更しておく

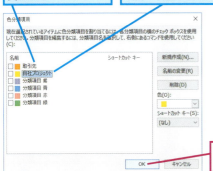

[OK]をクリック

❹ メールを色で分類する

メールに色分類項目を設定する

❶メールをクリック　❷［分類］をクリック　❸設定する色分類項目をクリック

❺ メールを色で分類できた

メールに色分類項目が設定された

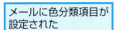

1つのメールに複数の色分類項目を設定できる

色分類項目を削除するには

特定の色分類項目を削除するには、手順2の画面で［削除］ボタンをクリックします。削除すると、過去にその色が割り当てられたアイテムからも、その色が削除されます。

色分類項目の設定を解除するには

色分類項目が設定されたメールを選択し、同じ色に分類し直すと、メールの色分類が解除されます。なお、［分類］ボタンの一覧から［すべての分類項目をクリア］をクリックすると、複数の色分類項目がすべて解除されます。

間違った場合は？

手順1で［すべての分類項目］以外の項目を選択すると［分類項目の名前の変更］ダイアログボックスが表示されます。［いいえ］ボタンをクリックしてからクイックアクセスツールバーの［元に戻す］ボタンをクリックし、手順1から操作をやり直してください。

Point

色でメールを区別できる

重要なメールに色分類項目を割り当てておけば、一覧表示された大量のメールの中からでも、目的のメールを素早く見つけ出すことができます。「数カ月ぐらい前に受信したメール」から目的のメールを探し出すには、検索機能が便利ですが、直近のメールをビューの一覧から見つけるには、色分類項目が重宝します。また、1つのメールに対して、複数の色分類項目を割り当てることもできます。色分類項目の名前を工夫して、メールの内容や緊急度が分かるようにするといいでしょう。

レッスン 25

メールを整理するフォルダーを作るには
新しいフォルダーの作成

メールは［受信トレイ］以外のフォルダーにも整理できます。このレッスンでは、新しいフォルダーを作成し、メールを移動する方法を解説します。

1 ［新しいフォルダーの作成］ダイアログボックスを表示する

ここではメールマガジン用のフォルダーを作成して、メールを整理する

❶［フォルダー］タブをクリック
❷［新しいフォルダー］をクリック

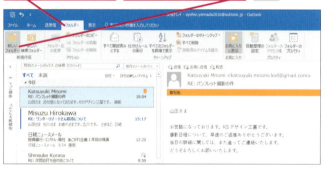

2 フォルダーに名前を付ける

［新しいフォルダーの作成］ダイアログボックスが表示された

❶フォルダー名を入力
❷［フォルダーに保存するアイテム］で［メールと投稿アイテム］が選択されていることを確認

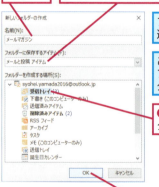

フォルダーの作成場所を選択する

ここでは、［受信トレイ］フォルダーの中にフォルダーを作成する

❸［受信トレイ］をクリック

❹［OK］をクリック

▶キーワード

受信トレイ	p.245
フォルダー	p.247
メール	p.247

 ショートカットキー

Ctrl + Shift + E
……………新しいフォルダーの作成

 作成したフォルダーの名前を変更するには

作成したフォルダーの名前を変更するには、そのフォルダーを右クリックして表示されるメニューから、［(選択したフォルダー名)の名前変更］をクリックして、新しい名前を入力します。

 表示中にメールを移動するには

メールを閲覧ウィンドウに表示しているときに、［ホーム］タブの［移動］ボタンをクリックし［その他のフォルダー］を選択すると、メールを任意のフォルダーに移動できます。最近使ったフォルダーは記憶され、次回以降は［移動］ボタンの一覧に表示されるので、よく使うフォルダーにメールを素早く移動できます。メールをウィンドウで表示しているときは、［メッセージ］タブから操作してください。

 間違った場合は？

手順2で名前を入力せずに、［OK］ボタンをクリックすると、「名前を指定する必要があります。」という警告のメッセージが表示されます。［OK］ボタンをクリックし、あらためてフォルダーの名前を入力してください。

③ メールをフォルダーに移動する

作成したフォルダーを確認する　　❶ここをクリック

フォルダーウィンドウが表示された　　❷[フォルダーウィンドウの展開]をクリック

❸移動したいメールにマウスポインターを合わせる

❹[メールマガジン]にドラッグ

④ フォルダーの内容を確認する

メールが移動したことを確認する　　[メールマガジン]をクリック

[メールマガジン]フォルダーの内容が表示された　　移動したメールが表示された

フォルダーウィンドウは開いたままにしておく

 複数のメールを選択するには

複数のメールをまとめて選択し、フォルダーへ移動できます。複数のメールをまとめてフォルダーに移動するときは、Ctrlキーを押しながらメールをクリックしましょう。また、先頭のメールアイテムを選択し、Shiftキーを押しながら末尾のメールアイテムをクリックすると、連続した複数のメールを選択できます。

Ctrlキーを押しながらクリックすると、複数のメールを選択できる

Point
フォルダーでメールを分類できる

メールのように、大量に蓄積されていくアイテムは、メールの内容などでフォルダーを作って分類すると、ビューの表示をすっきりさせることができます。例えば、「個人宛に届いたメール」と、メールマガジンのような「不特定多数宛のメール」などの大きなくくりでフォルダーを作って分類するといいでしょう。ただし、たくさんフォルダーを作って、いちいちメールを分類するのは手間がかかり、作業が煩雑になります。分類するのが苦にならない程度にしておくのがお薦めです。

25 新しいフォルダーの作成

レッスン 26

メールが自動でフォルダーに移動されるようにするには

手動でメールを分類するのは大変です。新しく届いたメールや既存のメールを、条件にしたがって自動で任意のフォルダーに移動するように設定してみましょう。

仕分けルールの作成

1 分類したいメールを選択する

- レッスン㉕を参考に、フォルダーウィンドウを表示しておく
- 受信したメールマガジンを自動的に[メールマガジン]フォルダーに移動するように設定する

❶[受信トレイ]をクリック
❷メールをクリック

▶キーワード

色分類項目	p.244
受信トレイ	p.245
仕分けルール	p.245
フォルダー	p.247
フォルダーウィンドウ	p.247

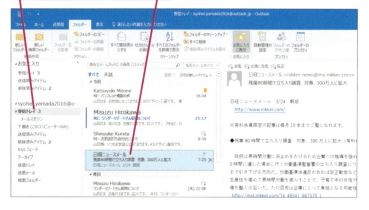

HINT! 仕分けルールを後から変更するには

[ホーム]タブの[ルール]ボタンの一覧から[仕分けルールと通知の管理]をクリックすると、設定済みの仕分けルールを後から変更できます。作成済みの仕分けルールを選択し[仕分けルールの変更]-[仕分けルール設定の編集]の順にクリックすると、98ページのテクニックで紹介する[自動仕分けウィザード]が表示されます。

❶[ホーム]タブをクリック
❷[ルール]をクリック

❸[仕分けルールと通知の管理]をクリック

[仕分けルールと通知]ダイアログボックスが表示された

[新しい仕分けルール]で仕分けルールを作成できる

作成済みの仕分けルールを選択し、[仕分けルールの変更]をクリックすると、仕分けルールの編集やルール名の変更ができる

2 [仕分けルールの作成]ダイアログボックスを表示する

❶[ホーム]タブをクリック
❷[ルール]をクリック
❸[仕分けルールの作成]をクリック

③ 分類の条件を設定する

［仕分ルールの作成］ダイアログボックスが表示された

選択したメールの差出人や件名が条件に設定される

ここではメールの差出人を元にメールを分類する

❶［差出人が次の場合］をクリックしてチェックマークを付ける

選択したメールの差出人のメールアドレスが表示されている

❷［アイテムをフォルダーに移動する］をクリックしてチェックマークを付ける

手順4のダイアログボックスが表示されないときは、［フォルダーの選択］をクリックする

④ メールの移動先を設定する

［仕分けルールと通知］ダイアログボックスが表示された

❶［受信トレイ］のここをクリック

ここでは、レッスン㉕で作成した［メールマガジン］フォルダーを選択する

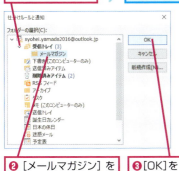

❷［メールマガジン］をクリック

❸［OK］をクリック

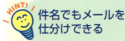
件名でもメールを仕分けできる

手順3で［件名が次の文字を含む場合］をクリックしてチェックマークを付けると、件名でメールを仕分けられます。数人のメンバーで、特定のテーマについてメールをやりとりするとき、テーマに沿った件名を決めておけば、一連のメールを1つのフォルダーに整理できます。手順3で件名を入力するときは、「Re:」や日付などを含めないようにしてください。

 間違った場合は？

手順3で条件が意図しない内容になっている場合は、手順1で別のメールを選択しています。その場合は、［キャンセル］ボタンをクリックし、正しいメールを選択し直してください。

自動的にメールを削除するには

手順4で［削除済みアイテム］を選択すると、条件に合ったメールが自動で削除されるようになります。ただし、必要なメールが削除される場合もあるので、設定の際は注意してください。

登録したルールを一時的に使用しないように設定するには

仕分けルールを削除せず、一時的に利用しないようにするには、前ページを参考に［仕分けルールと通知］ダイアログボックスを表示します。登録されている仕分けルールをクリックしてチェックマークをはずすと、メールの仕分けが行われなくなります。再度メールが自動で仕分けされるようにするには、仕分けルールをクリックしてチェックマークを付け、［仕分けルールの実行］ボタンをクリックしてください。仕分けを休止している間に届いたメールが自動で仕分けされます。

次のページに続く

⑤ 仕分けルールを作成する

[仕分けルールの作成]ダイアログボックスが表示された

[アイテムをフォルダーに移動する]にチェックマークが付いた

設定した条件で仕分けルールを作成する

[OK]をクリック

HINT! 仕分けルールの順序を入れ替えるには

複数の仕分けルールがある場合、上から順に条件が適用されます。この順序は、ルールを選択し、[上へ]ボタン（▲）や[下へ]ボタン（▼）をクリックして、入れ替えることができます。

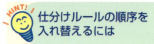

このボタンで仕分けルールの順序を変更できる

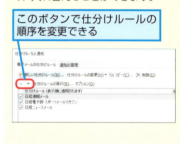

 テクニック 仕分けルールは細かく設定できる

Outlookでは、メールを指定のフォルダーに移動するだけでなく、レッスン㉕で紹介した色分類項目を割り当てるなど、さまざまな処理を行えます。[自動仕分けウィザード]では、「[件名]に特定の文字が含まれている場合や[宛先]に自分の名前があるときは仕分けをしない」という例外条件などを細かく設定できるので、正しく仕分けが実行されるように調整しておきましょう。

ここでは色分類項目を自動で設定できるようにする

❶前ページの手順3で[詳細オプション]をクリック

[自動仕分けウィザード]が表示された

❷指定したい条件をクリックしてチェックマークを付ける

❸[次へ]をクリック

❹[分類項目（分類項目）を割り当てる]をクリックしてチェックマークを付ける

❺ここをクリックして色分類項目を選択

[次へ]をクリックして例外条件や仕分けルールの名前などを設定できる

❻[完了]をクリック

⑥ 仕分けルールを実行する

[成功]ダイアログボックスが表示された

仕分けルールの名前が表示された

現在[受信トレイ]フォルダーにあるメールも設定した仕分けルールで仕分けする

❶ [現在のフォルダーにあるメッセージにこの仕分けルールを今すぐ実行する]をクリックしてチェックマークを付ける

❷ [OK]をクリック

⑦ 仕分けの結果を確認する

[受信トレイ]フォルダーの中で条件に該当するメールが仕分けされた

メールが仕分けられたかを確認する

[メールマガジン]をクリック

⑧ 仕分けられたメールが表示された

[メールマガジン]フォルダーの内容が表示された

この後受信したメールは、仕分けルールの条件で自動的に分類される

[フォルダーウィンドウの最小化]をクリックして、フォルダーウィンドウを最小化しておく

 仕分けルールを削除するには

設定した仕分けルールで望み通りの結果が得られない場合は、いったん仕分けルールを削除して、仕分けルールを作成し直します。96ページのHINT!を参考に[仕分けルールと通知]ダイアログボックスを表示し、登録した仕分けルールを選択して[削除]ボタンをクリックしてください。

 間違った場合は?

仕分けルールの設定を間違い、意図しない仕分けが行われた場合は、仕分けされたメールを元のフォルダーにドラッグします。その場合、上のHINT!を参考にルールを削除して、もう一度手順1から操作をやり直してください。

Point
ルールを作ればメールが自動で仕分けされる

このレッスンでは、受け取ったメールから条件を作り、条件に合致したメールを自動的に指定のフォルダーに振り分ける方法を紹介しました。ただし、あまりにも細かい仕分けは逆効果です。自動的に仕分けられるとはいえ、届いたメールを見るために、いくつものフォルダーを順に開いて確認していくのは面倒です。フォルダーを作成する場合は、あまり細かく分類しようとせずに、最低限必要なフォルダーのみを作るようにしましょう。

レッスン 27

メールの一覧を並べ替えるには

グループヘッダー

ビューに表示されるメールの一覧は、特定の項目で並べ替えができます。ここでは、日付順に並んだ一覧を［差出人］や［未読］という条件で並べ替えます。

 このレッスンは動画で見られます　**操作を動画でチェック！** ※詳しくは2ページへ

▶キーワード

閲覧ウィンドウ	p.244
クイックアクセスツールバー	p.245
受信トレイ	p.245
添付ファイル	p.246
ビュー	p.246
フォルダー	p.247
メール	p.247
メッセージ	p.247

差出人別に並べ替え

1 並べ替えの種類を変更する

［受信トレイ］フォルダーの内容を表示しておく

グループヘッダーに並べ替えの種類が表示されている

❶グループヘッダーのここをクリック

ここではメッセージ一覧を差出人別に並べ替える

❷［差出人］をクリック

2 メッセージ一覧が並べ替えられた

メッセージ一覧が差出人別に並べ替えられた

ここをクリックすると昇順と降順を切り替えられる

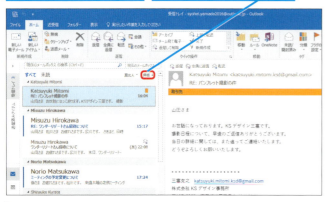

 昇順と降順での並べ替えを知ろう

手順1では、グループヘッダーから［差出人］を選択してメールの並べ替えを行いました。［差出人］の［昇順］では、メールに表示される差出人名の「A〜Z→あ〜ん」の順で並べ替えられます。降順の場合は「ん〜あ→Z〜A」の順になります。

 サイズや添付ファイルでも並べ替えができる

グループヘッダーをクリックし、［サイズ］や［添付ファイル］を選択してもメールの並べ替えができます。［サイズ］を選択した場合、ビューに［中］や［小］［極小］といった項目が表示され、添付ファイルを含めたメールサイズの大きい順や小さい順で並べ替えができます。添付ファイルがあるメールのみをビューで確認するには、［修正後の文字列］を選択し、［添付ファイルあり］の分類に表示されるメールを確認しましょう。

 間違った場合は？

手順1で間違って別の項目を選択してしまった場合は、もう一度やり直して［差出人］をクリックします。

未読メールの表示

❸ 未読の一覧に切り替える

[受信トレイ] フォルダーの内容を
表示しておく

グループヘッダーで [すべて] が選択されている

[未読] をクリック

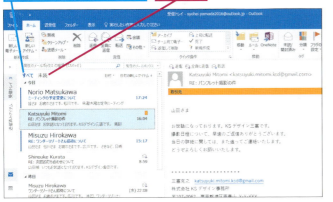

❹ 未読の一覧が表示された

ビューの一覧に未読のメールのみが表示された

[すべて] をクリックして元の表示に戻しておく

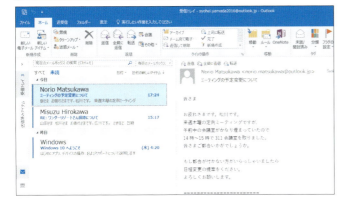

💡HINT! 表示を元に戻すには

特定の条件で並べ替えたメールを元通りに日付順で並べ替えるには、手順1を参考に [日付] をクリックします。日付に切り替えると、受信日が新しい順から古い順にメールが並びます。

💡HINT! 並べ替えたメールを次々に読める

62ページのHINT!でも解説していますが、並べ替えた状態でメールをメッセージのウィンドウで表示しているときでも、クイックアクセスツールバーの [次のアイテム] ボタンと [前のアイテム] ボタンを利用して、前後のメッセージを開けます。例えば [差出人] の [昇順] という条件で [次のアイテム] ボタンをクリックすると、「A〜Z」→「あ〜ん」の差出人名の順でメールがウィンドウに表示されます。

レッスン⑬を参考にメッセージのウィンドウを開いておく

[前のアイテム] と [次のアイテム] をクリックすれば、ビューの並べ替えの順にメールを読める

Point　用途に応じて並べ替えよう

特定のフォルダーにあるメールを条件にしたがって並べ替えることで、日付や差出人、件名、添付ファイルなどでグループ化して順にメールを読むことができます。この並べ替えは、フォルダー内のメッセージだけでなく、検索結果一覧に対しても有効です。手動でメールをフォルダーに移動する場合にも、決まった法則でメールが並んでいた方が効率が上がります。いろいろな場面で並べ替えを活用しましょう。

レッスン 28

同じテーマのメールをまとめて読むには
関連アイテムの検索

特定のメッセージを基に、関連したメッセージを探し出してみましょう。指定したメッセージと同じ件名のメッセージだけをビューの一覧に表示できます。

1 メールを選択する

[受信トレイ] フォルダーの内容を表示しておく

同じ件名でやりとりをしたメールを選択する

メールをクリック

▶キーワード

受信トレイ	p.245
スレッド	p.246
メール	p.247

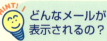
どんなメールが表示されるの？

このレッスンの手順で表示されるメールは、相手と同じ件名でやりとりしたメールや同じ件名で転送したメールです。ただし、相手とやりとりを繰り返していないメールでも、件名が同じであればそのメールも表示されます。

テクニック メールをスレッドごとにまとめて表示できる

通常のビューは、受信日の新しい順から古い順にメールが表示されます。しかし、特定の差出人とやりとりしたメールをグループ化して表示したいときは、このテクニックの方法で表示を変更しましょう。「スレッド」とは1つのテーマや話題でまとめたグループのことで、メールでは同じ件名を持つメールのやりとりとなります。ただし、同じ件名でも、連続して相手とやりとりしていない別内容のメールはグループ化されません。

メッセージ一覧でメールをスレッドごとにまとめて表示する

❶ [表示] タブをクリック

❷ [スレッドとして表示] をクリックしてチェックマークを付ける

設定の対象を確認するダイアログボックスが表示された

❸ [すべてのメールボックス] をクリック

同じ件名でやりとりしたメールがまとめられ、三角形のアイコンが付いた

❹ ここをクリック

スレッドにまとめられたメールが表示された

② 関連するメールを表示する

同じ件名のメールをまとめて表示する

❶ メールを右クリック
❷ [関連アイテムの検索] にマウスポインターを合わせる

❸ [このスレッドのメッセージ] をクリック

③ 関連するメールが表示された

同じ件名でやりとりをしたメールが検索された
同じ件名のメールがあるときは、そのメールも表示される
[検索ツール] の [検索] タブが表示された
[検索結果を閉じる] をクリックするとメッセージの一覧が表示される

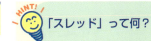 「スレッド」って何？

最初に送信、または受信したメールに対して、相互に返信を繰り返してやりとりされた一連のメールは話題が同一であると見なされます。これを「スレッド」と呼び、スレッドで並べ替えたり、検索したりすることで、話題ごとにメールを並べ替えることができます。

 間違った場合は？

別のメールの関連メッセージを検索した場合は、検索結果のウィンドウを閉じ、もう一度手順1からやり直します。

 差出人が同じメールを検索できる

手順2でメールを右クリックして表示されるメニューで、[差出人からのメッセージ] をクリックすると、差出人が同じメールがすべて検索されます。同じ人からもらったメールをまとめて読みたいときに便利です。

Point
一連のやりとりをまとめて読める

特定の人と繰り返しやりとりするメールの数が増えた場合、受信日を基準にメールを表示していると連続した1つの話題を確認しにくくなります。このレッスンの方法で関連メッセージを検索すれば、やりとりがスレッドにまとめられるため、後からやりとりの経緯や内容を確認しやすくなります。手順2の操作を実行すると、件名から「RE:」を除いた文字がキーワードとなり、該当するメールが検索される仕組みになっています。繰り返しやりとりした一連のメッセージが表示されるようにするには、返信時に件名を変えないようにしましょう。また、後から見返したときに分かるように、具体的な内容を件名に付けておきましょう。

レッスン 29

特定の文字を含むメールを探すには

検索ボックス

特定のキーワードを含むメールを探すには、検索ボックスが便利です。検索ボックスにキーワードを入れるだけで、瞬時に該当のメールが見つかります。

1 メールを選択する

検索したいフォルダーの内容を表示しておく

ここでは[受信トレイ]フォルダーの内容を表示しておく

検索ボックスをクリック

カーソルが表示されて文字を入力できる状態になった

[検索ツール]の[検索]タブが表示された

▶キーワード

アカウント	p.243
受信トレイ	p.245
メール	p.247

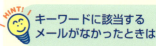

HINT! キーワードに該当するメールがなかったときは

Outlook.comなどのメールサービスアカウントを利用している場合、サービス側には過去のすべてのメールが保存されていますが、手元のパソコンには過去1年分、3か月分など一部のメールしか保存されていない場合があります。検索に時間がかかる場合、あるはずのメールが検索できない場合は、「他の項目も表示」「サーバー上でさらに検索」などを試してみましょう。

 テクニック Outlook全体を検索対象にできる

検索ボックスを利用した検索対象範囲は、[現在のフォルダー]に設定されています。検索対象が[受信トレイ]フォルダーの場合、選択中のアカウントのメールボックスが選択対象範囲です。以下の手順で検索対象を[すべてのメールボックス]に変更すれば、Outlookに登録されているすべてのアカウントのメールボックスを検索対象範囲に設定できます。

検索ボックスをクリックして[検索ツール]の[検索]タブを表示しておく

❶[検索ツール]をクリック

❷[検索オプション]をクリック

[Outlookのオプション]ダイアログボックスの[検索]の項目が表示された

❸[すべてのメールボックス]をクリック

❹[OK]をクリック

❷ 文字を入力する

❶検索したい文字を入力　❷Enterキーを押す

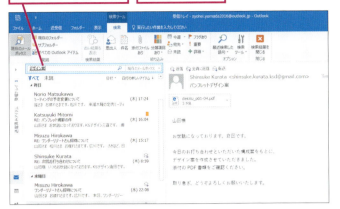

❸ 検索した文字を含むメールが表示された

手順2で入力した文字を含むメールが表示された

検索した文字の部分が色付きで表示された

[検索結果を閉じる]をクリックすると、メッセージの一覧が表示される

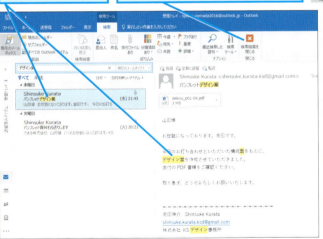

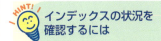

インデックスの状況を確認するには

Outlookは検索のために「インデックス」を作成しています。インデックスとは、検索速度を上げるための索引情報のことです。Outlookを起動している時間が短く、なおかつ大量のメールがある場合は、インデックスの作成が間に合わず、存在するはずのメールが正しく検索されないこともあります。そのような場合は、[検索ツール]の[検索]タブにある[検索ツール]ボタンの一覧から[インデックスの状況]をクリックします。「すべてのアイテムのインデックス処理が完了しました」と表示されるまで、Outlookを起動したままにしておきます。

間違った場合は？

キーワードの入力を間違えて、意図しない検索結果が表示された場合は、検索ボックス右側の[検索結果を閉じる]ボタン（×）か[検索ツール]の[検索]タブにある[検索結果を閉じる]ボタンをクリックしてキーワードを入力し直します。

Point
目的のメールを素早く見つけ出せる

過去に誰かからメールをもらったはずなのに、どのメールだったか思い出せない。受信するメールの数が多くなればなるほど、こうしたケースも多くなります。検索ボックスを使えば、キーワードを指定するだけで、そのキーワードが含まれるメールを一瞬で見つけ出せます。メール本文に含まれる語句だけではなく、差出人の名前や添付ファイル名なども検索対象になるので、メールの内容や差出人をキーワードとして検索してみましょう。検索結果からメールをさらにスレッド表示させたり、並べ替えをしたりすることで、目的のメールを表示できます。

レッスン 30

色分類項目が付いた メールだけを見るには

電子メールのフィルター処理

フィルター処理を実行すると、特定の条件に合致したメールだけをすぐに抽出できます。ここでは、色分類項目の付いたメールだけを表示してみましょう。

1 フィルター処理を選択する

[受信トレイ] フォルダーの内容を表示しておく

❶ [ホーム] タブをクリック
❷ [電子メールのフィルター処理] をクリック

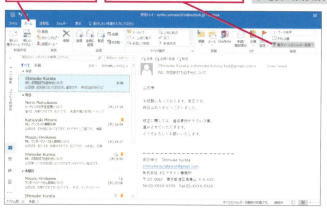

2 フィルター処理の条件を選択する

ここでは特定の分類項目の付いたメールだけを検索する

❶ [分類項目あり] にマウスポインターを合わせる
❷ 検索する分類項目をクリック

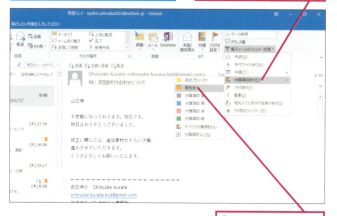

▶ キーワード

色分類項目	p.244
添付ファイル	p.246
フラグ	p.247

💡 **HINT!** さまざまな条件でメールを抽出できる

このレッスンでは、レッスン㉔でメールに設定した色分類項目をフィルター処理の条件にします。手順2では、[未読] や [添付ファイルあり] [今週] [フラグあり] という条件でもメールを抽出できます。

 間違った場合は?

手順2の操作1で [フラグあり] をクリックすると、フラグが付いたメールが表示されます。[検索ツール] の [検索] タブにある [検索結果を閉じる] ボタンをクリックし、再度手順2から操作をやり直してください。

テクニック [検索]タブからも絞り込み検索ができる

[電子メールのフィルター処理]ボタンは、頻繁に使うであろう条件の検索機能を簡単に実行できるようにした機能です。[検索]タブでは、絞り込み条件として、さまざまな要素を指定できますが、得られる結果はフィルターを適用した場合と同様です。さらに細かく条件を指定してメールを絞り込みたい場合は、次のレッスン㉛で紹介する方法で検索を実行しましょう。

検索ボックスをクリックして[検索ツール]の[検索]タブを表示しておく

[絞り込み]の各種ボタンからフィルター処理と同様の検索条件を設定できる

 選択した分類項目のメールが表示された

手順2で選択した分類項目のメールが表示された

[検索結果を閉じる]をクリックするとメッセージの一覧が表示される

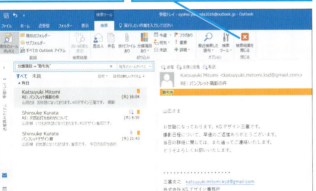

メールの差出人情報を確認するには

[ホーム]タブの[検索]グループにある[ユーザーの検索]にメールの差出人を入力すると、今までメールをやりとりしたユーザーなどが表示されます。ユーザー名をクリックすると、メールアドレスなどの個人情報を確認できます。

Point

さまざまな条件から簡単にメールを探せる

フィルター処理は、分類項目や未読メールなど、キーワード以外の条件を指定してメールを抽出したいときに便利な機能です。検索ボックスにキーワードを入力する手間が減らせるのが一番のメリットといえるでしょう。条件に合致するメールが多い場合は、テクニックで紹介したように[絞り込み]にあるボタンをクリックして検索条件を追加して絞り込むといいでしょう。例えば、「未読の状態」で「今週に届いた」「添付ファイルがある」メールもすぐに探し出せます。

レッスン 31

さまざまな条件でメールを探すには

高度な検索

[高度な検索]ダイアログボックスを使えば、詳細な検索条件を組み合わせてメールを検索できます。ここでは件名と受信日の期間を指定して検索します。

1 [高度な検索]ダイアログボックスを表示する

[受信トレイ]フォルダーの内容を表示しておく

レッスン㉘を参考に、[検索ツール]の[検索]タブを表示しておく

❶ [検索ツール]を
クリック

❷ [高度な検索]を
クリック

2 検索に利用するフィールドを選択する

[高度な検索]ダイアログボックスが表示された

ここでは、[件名]というフィールドを選択する

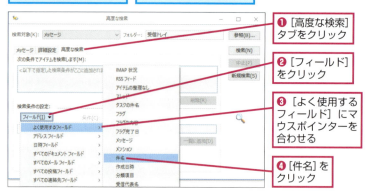

❶ [高度な検索]
タブをクリック

❷ [フィールド]
をクリック

❸ [よく使用する
フィールド]にマ
ウスポインターを
合わせる

❹ [件名]を
クリック

3 フィールドの条件と値を設定する

選択したフィールドが入力された

ここでは、「『件名』に『Microsoft』という文字を含む」という条件を設定する

❶ [条件]のここをクリックして
[次の文字を含む]をクリック

❷ [値]に「Microsoft」
と入力

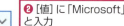

❸ [一覧に追加]
をクリック

▶ キーワード

フィールド	p.247
メール	p.247

検索対象は検索条件の前に変更しておく

[高度な検索]ダイアログボックスでは、検索対象が[メッセージ]に設定されています。検索対象を変更するときは、検索条件を指定する前に[検索対象]をクリックして[すべてのOutlookアイテム]を選んでください。検索条件を指定した後に検索対象を変更すると、せっかく指定した検索条件がすべて削除されてしまいます。

検索対象を変更するとフィールドの内容も変わる

[高度な検索]ダイアログボックスで検索対象を変更すると、[検索条件の設定]の[フィールド]ボタンの一覧に表示される項目が変わります。例えば[すべてのOutlookアイテム]を検索対象にして、[フィールド]ボタンの[すべてのメールフィールド]にマウスポインターを合わせると[アラーム]や[フォルダー][BCC]などの検索条件が表示されます。

日付のフィールドに合わせてフィールドの値を指定する

日付のフィールドを利用して検索条件を指定するには、[条件]に[以降]や[以前][次の値の間]を選択します。このとき[値]に入力する日付は「/」(スラッシュ)か「-」(ハイフン)で区切って入力します。手順4では期間を指定するため、半角の空白を前後に含めて日付の間に「 and 」を入力しています。

④ フィールドを追加して条件と値を設定する

[件名]のフィールドが追加された

ここでは、受信日時が2016年3月1日から2016年4月30日という条件を設定する

❶手順2を参考に[よく使用するフィールド]の[受信日時]を設定

❷手順3を参考に[次の値の間]を設定

❸[値]に「2016/03/01 and 2016/04/30」と入力

❹[一覧に追加]をクリック

❺[検索]をクリック

⑤ 検索結果が表示された

複数の検索条件に合致するメールが表示された

ダブルクリックすると選択したメールが表示される

[閉じる]をクリックすると[高度な検索]ダイアログボックスが閉じる

条件の組み合わせに注意しよう

[高度な検索]ダイアログボックスで複数の条件を設定すると、すべての条件を満たす結果が求められます。これは「○○かつ××」というAND検索と呼ばれる方法です。ただし、日付に関しては「以降」と「以前」を組み合わせても「期間」にはなりません。さらに差出人のキーワードとして指定できるのは「表示名」だけです。メールアドレスは検索対象にできません。

間違った場合は?

間違った条件を指定して一覧に追加したときは、[次の条件でアイテムを検索します]の項目を選択し、[削除]ボタンをクリックします。条件を削除すると、条件の設定をやり直せます。

検索条件をすべて破棄するには

[高度な検索]ダイアログボックスで検索に利用するフィールドや条件をすべて設定し直すときは、[新規検索]ボタンをクリックします。「現在の検索条件をクリアします。」という警告のメッセージが表示されるので、[OK]ボタンをクリックしてください。

Point
検索で利用する条件を細かく指定できる

[高度な検索]ダイアログボックスを使えば、複数の検索条件を組み合わせることで、大量のメールから本当に求めているメールを正確に抽出できます。これまで紹介したレッスンの方法で目的のメールを探せなかったときは、このレッスンの方法でメールを検索してみましょう。もちろんメールのみならず、この後のレッスンで紹介する予定表やタスクなども検索対象とできるので、使い方を覚えておきましょう。

31 高度な検索

できる 109

レッスン 32

探したメールをいつも見られるようにするには

検索フォルダー

同じ条件で検索を繰り返す可能性がある場合は検索フォルダを作っておきましょう。条件に合致するアイテムだけが集められたように見える仮想的なフォルダです。

このレッスンは動画で見られます **操作を動画でチェック！** ※詳しくは2ページへ

▶キーワード

アカウント	p.234
検索フォルダー	p.245
受信トレイ	p.245
メール	p.247

ショートカットキー

$Ctrl$ + $Shift$ + P
……………[新しい検索フォルダー]
ダイアログボックスの表示

1 [新しい検索フォルダー] ダイアログボックスを表示する

[受信トレイ]フォルダーの内容を表示しておく

❶[フォルダー]タブをクリック

❷[新しい検索フォルダー]をクリック

HINT! フォルダーウィンドウの[検索フォルダー]からも作成できる

ここで作成する検索フォルダーは、手順6のようにフォルダーウィンドウ内に一覧表示されます。この[検索フォルダー]という見出しを右クリックすることでも、新規に検索フォルダーを作成できます。

❶[検索フォルダー]を右クリック

❷[新しい検索フォルダー]をクリック

2 検索フォルダーの種類を選択する

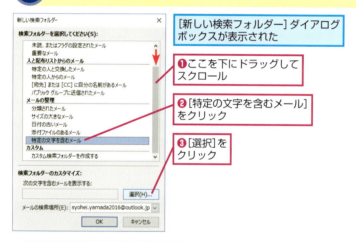

[新しい検索フォルダー]ダイアログボックスが表示された

❶ここを下にドラッグしてスクロール

❷[特定の文字を含むメール]をクリック

❸[選択]をクリック

3 検索する文字を入力する

[文字の指定]ダイアログボックスが表示された

❶検索する文字を入力

❷[追加]をクリック

間違った場合は？

次ページのHINT!を参考に検索フォルダーを削除して、再度手順1から操作してください。検索フォルダーを削除しても、検索されたメールは削除されません。

110 できる

④ 検索する文字を設定する

検索する文字が設定された
ほかにも検索したい文字があれば追加する

❶ [OK]をクリック
❷ [新しい検索フォルダー]ダイアログボックスでも[OK]をクリックする

⑤ 検索結果が表示された

「KSデザイン」の文字を含むメールだけが表示された

[フォルダーウィンドウの展開]をクリック

[受信トレイ]をクリックすれば、元の画面に戻る

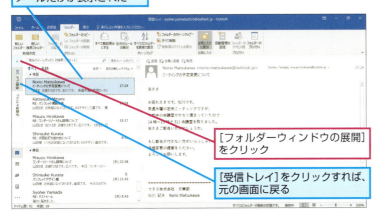

⑥ 検索フォルダーを確認する

[検索フォルダー]に[KSデザインを含むメール]が追加された

検索フォルダーを作っておけば、いつでも同じ条件での検索結果を表示できる

HINT! 検索フォルダーを削除するには

検索フォルダーはいつでも削除できます。フォルダーウィンドウで不要な検索フォルダーを右クリックして削除します。

❶ フォルダーウィンドウで検索フォルダーを右クリック
❷ [フォルダーの削除]をクリック

HINT! 検索条件を変更するには

思い通りの検索結果が得られなくなった場合、検索条件を変更して対応してみましょう。その検索フォルダーを右クリックし、[この検索フォルダーのカスタマイズ]を実行することで条件を変更できます。

❶ フォルダーウィンドウで検索フォルダーを右クリック
❷ [この検索フォルダーのカスタマイズ]をクリック

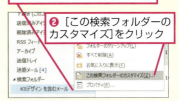

❸ ["～"のカスタマイズ]ダイアログボックスで[条件]をクリック

Point その時点での最新検索結果が得られる

検索フォルダーは頻繁に同じ条件で検索をする場合に便利です。検索条件を設定したフォルダーを作っておき、そのフォルダーを開いたときに条件検索が実行され、最新の検索結果が表示されます。たくさんのメールに埋もれてしまいがちなメールを一箇所に集めたかのような効果が得られます。

---

32 検索フォルダー

できる 111

この章のまとめ

●目的のメールを活用できるようにしよう

この章では、メールに目印を付けたり、フォルダーに整理したりする方法のほか、さまざまな方法で目的のメールを探し出す方法を紹介しました。Outlookは、画面にあるさまざまなボタンやボックスなどから検索を実行できますが、効率よく検索する方法を知らなければ、思い通りにメールを探すことができません。この章で学んだ方法を利用すれば、メールにある情報を生かすことが可能です。打ち合わせの約束や出張先の情報を確認するとき、メールにある情報をすぐに探せるようになれば、仕事の効率もアップすることでしょう。また、過去のメールを後から読み返すことが少ないとしても、役立つ情報や記録を迅速に引き出すことができれば、メールを大切な資産として活用できるようになります。

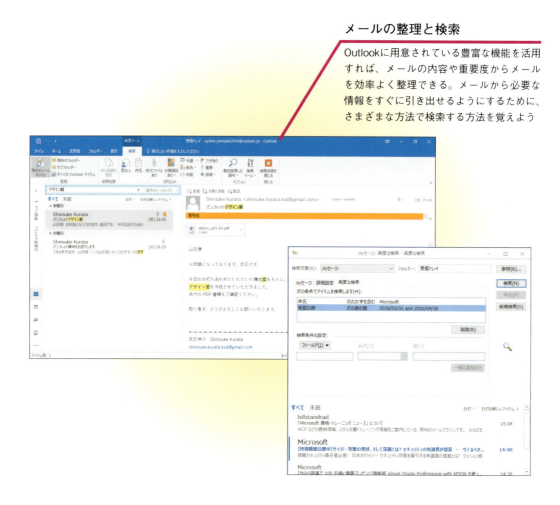

メールの整理と検索
Outlookに用意されている豊富な機能を活用すれば、メールの内容や重要度からメールを効率よく整理できる。メールから必要な情報をすぐに引き出せるようにするために、さまざまな方法で検索する方法を覚えよう

第4章 予定表を使う

Outlookでスケジュールを管理することで、これまで使っていた紙の手帳では考えられなかった便利さが手に入ります。スケジュール管理は、ビジネスにおいて、とても重要な要素の1つです。それをどう効率的なものにするかでワークスタイルが大きく変わります。

●この章の内容
- ㉝ スケジュールを管理しよう……………………………114
- ㉞ 予定を確認しやすくするには…………………………116
- ㉟ 予定を登録するには……………………………………120
- ㊱ 予定を変更するには……………………………………124
- ㊲ 毎週ある会議の予定を登録するには…………………126
- ㊳ 数日にわたる出張の予定を登録するには……………128
- ㊴ 予定表に祝日を表示するには…………………………130
- ㊵ 予定を検索するには……………………………………134
- ㊶ 複数の予定表を重ねて表示するには…………………136
- ㊷ GoogleカレンダーをOutlookで見るには…………138

スケジュールを管理しよう
予定表の役割

Outlookを利用すれば、ボタン1つで1日、1週間、1カ月といった形式に切り替えて予定を表示できます。ここでは、ビューの概要と予定表の画面を紹介します。

Outlookでのスケジュール管理

紙の手帳に記入したスケジュールは、記入した状態でしか参照ができません。別のレイアウトで参照したいときは、別途、年間予定表などに転記する作業が必要です。Outlookなら、入力した情報を月間や週間、また、1日の予定表などに自在に切り替えて参照できます。レイアウトを変えても個々のアイテムに変更を加える必要はなく、転記の手間もありません。

▶キーワード

アイテム	p.243
イベント	p.244
稼働日	p.244
カレンダーナビゲーター	p.245
ナビゲーションバー	p.246
ビュー	p.246
フォルダーウィンドウ	p.247
予定表	p.247

◆[日]ビュー
予定を1日単位で表示する

◆[稼働日]ビュー
土日や夜間を省いて表示する

◆[週]ビュー
予定を週単位で表示する

◆[月]ビュー
予定を月単位で表示する

予定表の画面

ナビゲーションバーの［予定表］をクリックすると、予定の一覧が表示されます。下の画面は［週］のビューに切り替えた一例ですが、標準の設定では［月］のビューで予定が表示されます。また、フォルダーウィンドウを展開すると、画面の左側にカレンダーナビゲーターが常に表示されます。カレンダーナビゲーターを利用すれば、今日の日付や予定のある日付をすぐに確認できて便利です。

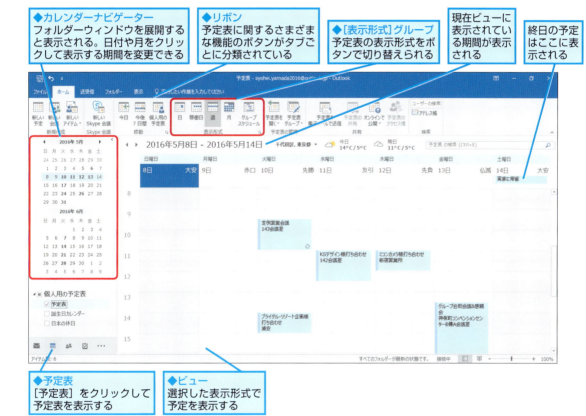

●カレンダーナビゲーターの表示

Point

来年以降の予定も管理できる

Outlookの予定表は紙の手帳と違い、1年分という区切りがあるわけではありません。ですから、年度が変わるたびに新しい手帳を用意しなければならないといった不便もありません。必要なら、来年や再来年に予定している長期休暇や旅行などのイベントを予定に登録することも可能です。

レッスン 34

予定を確認しやすくするには

カレンダーナビゲーター、ビュー

ビューを切り替えて、予定を日ごとや週ごと、月ごとに表示してみましょう。カレンダーナビゲーターを利用すると、表示する期間を簡単に切り替えられます。

1 予定表を表示する

［予定表］の画面を表示する

［予定表］をクリック

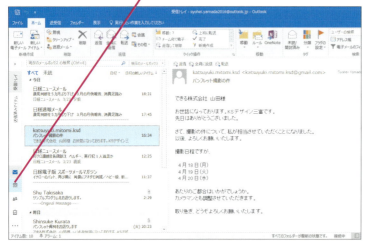

▶ キーワード

カレンダーナビゲーター	p.245
ビュー	p.246
フォルダーウィンドウ	p.247
予定表	p.247

 ショートカットキー

Ctrl + 2 ……… 予定表の表示
Ctrl + Alt + 1
……………………［日］ビューの表示
Ctrl + Alt + 4
……………………［月］ビューの表示

HINT! 画面を切り替えずにプレビューできる

予定表以外のフォルダーの内容を表示していても、ナビゲーションバーの［予定表］ボタンにマウスポインターを合わせると、当月のカレンダーと直近の予定が表示されます。

［予定表］にマウスポインターを合わせる

カレンダーナビゲーターと直近の予定が表示される

2 カレンダーナビゲーターを表示する

❶［日］をクリック

今日の予定表が表示された

画面の左側にカレンダーナビゲーターを表示する

❷［フォルダーウィンドウを展開］をクリック

 間違った場合は？

手順1で［予定表］以外をクリックしてしまったときは、あらためて［予定表］をクリックします。

❸ カレンダーナビゲーターで予定表を週単位に切り替える

カレンダーナビゲーターが表示された

クリックした日付の予定が表示される

❶ 週の先頭にマウスポインターを合わせる

マウスポインターの形が変わった

❷ そのままクリック

❹ 予定表を月単位に切り替える

選択した週の予定が表示された

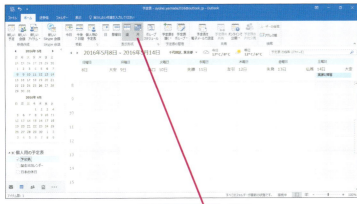

予定表の表示を月単位に切り替える

[月]をクリック

HINT! カレンダーナビゲーターの表示を切り替えるには

カレンダーナビゲーターに表示される月は、画面の解像度によって変わります。目的の月が表示されていないときは、以下の手順で表示する月を変更するといいでしょう。

● ボタンで選択

ここをクリックすると前後の月を表示できる

● 一覧から選択

ここをクリック

表示された一覧から月を変更できる

HINT! ボタンでビューを切り替えるには

[ホーム]タブの[週]ボタンをクリックすると、土日を含む1週間単位のビューに切り替わります。また、[月]ボタンは1カ月単位のビューに切り替えます。1日単位のビューに切り替えるには[日]ボタンをクリックします。

次のページに続く

5 予定表が月単位に切り替わった

選択中の月の予定が表示された

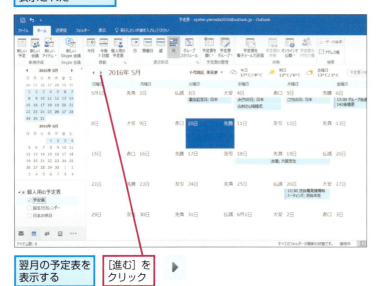

翌月の予定表を表示する　　[進む]をクリック

6 翌月の予定表が表示された

[フォルダーウィンドウの最小化]をクリックするとカレンダーナビゲーターが閉じる

今日の予定表に戻るには

[ホーム]タブの[今日]ボタンをクリックすると、今日の日付を含む予定表が表示されます。

[今日]をクリック

今日の日付を含む予定表が表示された

Point
**ビューを切り替えて
スケジュールを確認しよう**

翌週の予定を問い合わせる電話があったり、ミーティングの最後に次回の日程を決めたりするときは、該当する予定の前後に、ほかの予定が入っていないかを確認します。この日のこの時間帯なら空いているということを確認するために、ビューをうまく利用して目的の日や週をすぐに表示できるようにしましょう。週単位や日単位で予定を確認すれば、空き時間や行動予定を効率よく把握できるようになります。

テクニック たくさんの予定を1画面に表示できる

多くの予定を一覧で表示するには、以下の手順で操作するといいでしょう。予定の一覧は［開始日］の［昇順］で表示されますが、［件名］や［場所］［分類項目］で並べ替えが可能です。週単位や月単位の表示に戻すには、操作1～2を繰り返し、操作3で［予定表］をクリックします。なお、レッスン㊴の方法で予定表に祝日を追加すると、こどもの日や海の日などの祝日が予定表に表示されます。

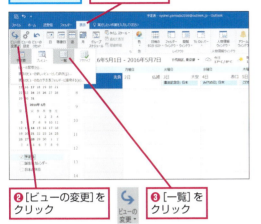

予定表を表示しておく
❶［表示］タブをクリック
❷［ビューの変更］をクリック
❸［一覧］をクリック

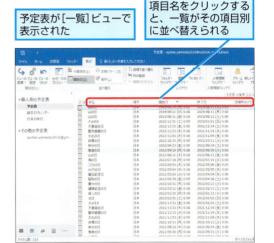

予定表が［一覧］ビューで表示された
項目名をクリックすると、一覧がその項目別に並べ替えられる

テクニック 指定した日数分の予定を表示できる

ショートカットキーを使うと、最大10日間までの予定を1画面に表示できます。Altキーを押しながら数字の1～9のキーを押すと、選択した数字のキーに応じた期間の予定が表示されます。10日分の予定を確認するときは、Alt+0キーを押してください。なお、カレンダーナビゲーターで連続した日付をドラッグすると、その期間にある予定だけが表示されます。

●ショートカットキーで指定する

ここでは10日分の予定を表示する
❶日付をクリック
❷Alt+0キーを押す

選択した日付から10日分が横並びに表示された

●カレンダーナビゲーターで指定する

ここでは2週間分の予定を選択する
日付をドラッグして選択

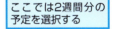
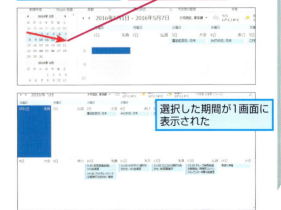

選択した期間が1画面に表示された

レッスン 35

予定を登録するには

新しい予定

新しい予定を登録してみましょう。[予定]ウィンドウには、予定の概要を表す「件名」や場所、開始時刻、終了時刻を入力するフィールドが用意されています。

① 予定表を週単位に切り替える

- レッスン㉞を参考にカレンダーナビゲーターを表示しておく
- 5月10日の11:00～12:30に打ち合わせの予定を入れる
- ❶予定を入れる週の先頭にマウスポインターを合わせる
- マウスポインターの形が変わった
- ❷そのままクリック

▶キーワード

アイテム	p.243
アラーム	p.244
色分類項目	p.244
稼働日	p.244
カレンダーナビゲーター	p.245
フィールド	p.247
予定表	p.247

ショートカットキー

[Alt]+[S]………保存して閉じる
[Ctrl]+[Shift]+[A]
………………新しい予定の作成

HINT! 予定の件名をすぐに入力するには

手順2で日時をドラッグして選択した後に[Enter]キーを押すと、カーソルが表示されます。文字を入力すると、入力した文字がそのまま予定の件名になります。

- ❶日時をドラッグして選択
- ❷[Enter]キーを押す

件名が入力できるようになった

- ❸件名を入力
- ❹[Enter]キーを押す

予定が登録される

② 日時を選択して予定を作成する

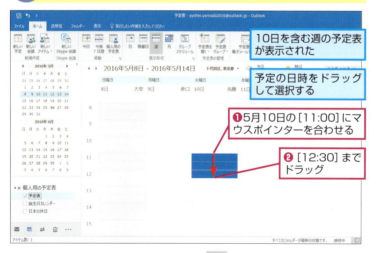

- 10日を含む週の予定表が表示された
- 予定の日時をドラッグして選択する
- ❶5月10日の[11:00]にマウスポインターを合わせる
- ❷[12:30]までドラッグ
- ❹[新しい予定]をクリック

間違った場合は?

手順2で、ドラッグの途中でマウスのボタンから指を離してしまった場合は、もう一度最初からドラッグし直してください。

第4章 予定表を使う

119

テクニック　月曜日を週の始まりに設定できる

標準の設定では、日曜日が週の始まりになっています。土日にまたがる予定が多い場合は、月曜日を週の始まりに設定しておくと便利です。この設定により、カレンダーナビゲーターの表示も月曜日始まりに変更されます。［稼働時間］の設定項目では、1日の開始時刻や終了時刻、［稼働日］ビューで表示する曜日なども変更できます。

週の最初の曜日を月曜日に変更する

レッスン⑩を参考に、［Outlookのオプション］ダイアログボックスを表示しておく

❸［OK］をクリック

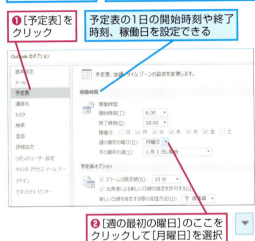

❶［予定表］をクリック

予定表の1日の開始時刻や終了時刻、稼働日を設定できる

❷［週の最初の曜日］のここをクリックして［月曜日］を選択

予定表の週の最初の曜日が月曜日に変更される

③ 予定の件名を入力する

［予定］ウィンドウが表示された

❶件名を入力

❷場所を入力

場所の入力は省略できる

❸手順2で選択した開始時刻、終了時刻が入力されていることを確認

時刻を直接入力すると、1分単位で入力できる

リボン内のアイコンがすべて表示されるように、［予定］ウィンドウの幅を広げておく

 日時は後から指定してもいい

手順2で日付や時間帯を選択しないで［ホーム］タブの［新しい予定］ボタンをクリックすると、手順1で選択した週の日曜日が選択されて［予定］ウィンドウが表示されます。［開始時刻］や［終了時刻］を変更して予定を登録しましょう。

次のページに続く

④ アラームを解除する

ここではアラームが表示されないように設定する

❶ [アラーム]のここをクリック

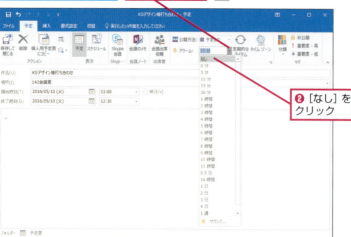

❷ [なし]をクリック

HINT! 予定に関するメモを残せる

手順4では下の図のように、予定に関する関連情報を入力できます。待ち合わせ場所の最寄り駅のほか、目的地の地図や乗り換えの経路などのURLなどを入力しておくといいでしょう。また、議事録などのメモを残しておくと、後からすぐに参照できて便利です。メモにはファイルや画像を添付することもできますが、利用しているサービスによっては挿入ができない場合もあります。

[挿入]タブをクリックすると、予定にファイルや画像を添付できる

予定についてのメモを入力できる

テクニック アラームの初期設定をオフにする

特に指定しない限り、[開始時刻]の15分前にアラームが設定されます。アラームは予定が近づくと、指定した時間に通知が表示される機能です。それが必要ない場合は、[予定表オプション]の[アラームの既定値]をクリックしてチェックマークをはずしましょう。アラームの操作については、レッスン㊺を参照してください。なお、以下の操作を実行すると、タスクの作成時にもアラームがオフになりますが、[タスク]ウィンドウの[アラーム]にチェックマークを付ければアラームを設定できます。

レッスン❿を参考に、[Outlookのオプション]ダイアログボックスを表示しておく

❶ [予定表]をクリック

❷ [アラームの既定値]をクリックしてチェックマークをはずす

❸ [OK]をクリック

予定の作成時にアラームが設定されなくなる

❺ 入力した予定を保存する

予定の入力を完了する

[保存して閉じる]をクリック

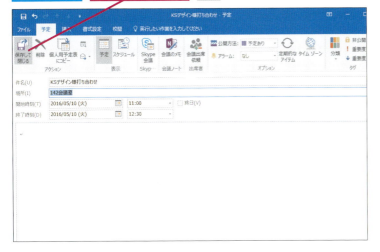

❻ 予定が登録された

入力した予定が予定表に表示された

予定表に[件名]と[場所]が表示された

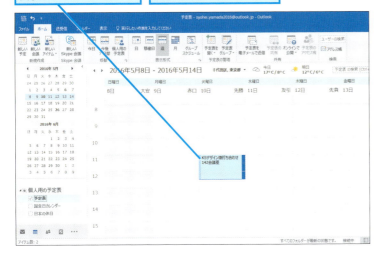

HINT! 予定表アイテムに色分類項目を設定できる

登録した予定に色分類項目を指定できます。色分類項目については、レッスン㉔で紹介していますが、メールのほかにタスクなどのアイテムで共通の分類項目を利用できます。

レッスン㉔を参考に色分類項目の項目名を設定しておく

❶予定を右クリック

❷[分類]にマウスポインターを合わせる

❸予定に付ける色分類項目をクリック

予定に色分類項目が設定された

Point 決まった予定はすぐに登録しておこう

このレッスンで紹介したように、予定にはさまざまな情報を登録できます。日時は後からでも簡単に変更できるので、何か予定が決まったら、忘れないうちにすぐに登録しましょう。前ページのHINT!で紹介したように、会議や打ち合わせに関する議事録やメモを残しておくと、当日にどんなことをしたのかをすぐに思い出せて便利です。また、最寄り駅や訪問先に関する情報を残しておけば、再度同じ場所に行くときに情報を調べ直す手間を省けます。なお、予定に情報を追記する方法は、次のレッスン㊱で紹介します。

35 新しい予定

できる 123

レッスン 36

予定を変更するには

予定の編集

すでに入力済みの予定に、日時や本文などの変更を加えてみましょう。議事録などの記録にも便利です。紙の手帳と違い、スペースに制約はありません。

1 [予定] ウィンドウを表示する

変更を加えたい予定を表示しておく

変更する予定をダブルクリック

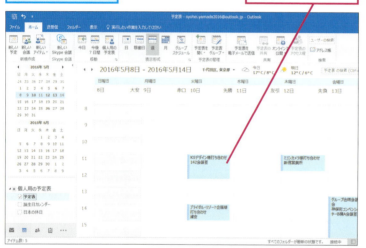

2 予定の日付を変更する

[予定] ウィンドウが表示された

❶ [開始時刻] のここをクリック

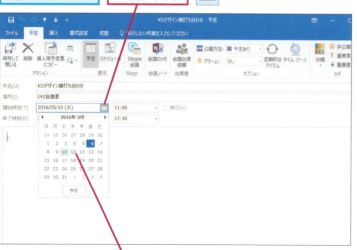

カレンダーが表示された

❷ 新しい日付をクリック

▶キーワード

メモ　　　　　　　　　　p.247

ショートカットキー

Alt + S ………… 保存して閉じる
Ctrl + O ………… 開く

HINT! ドラッグして予定の日時を変更できる

予定をドラッグしても日時を変更できます。また、予定の上端をドラッグすれば開始時刻、下端をドラッグすれば終了時刻を変更できます。

❶ 変更する予定にマウスポインターを合わせる

❷ 変更する日時までドラッグ

日時が変更された

❸ 予定の下端にマウスポインターを合わせる

マウスポインターの形が変わった

❹ そのままドラッグ

終了時刻が変更される

第4章 予定表を使う

124 できる

③ 予定に情報を追加する

予定の日付が変更された　[終了時刻]の日付が自動的に変更された　ここをクリックすると時刻も変更できる

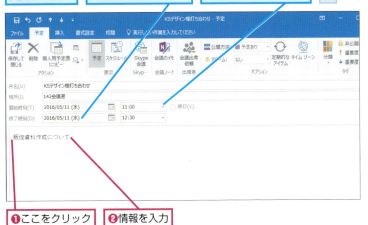

❶ ここをクリック　❷ 情報を入力

④ 変更した予定を保存する

予定の変更を完了する　[保存して閉じる]をクリック

⑤ 予定が変更された

設定した日時に予定が変更された

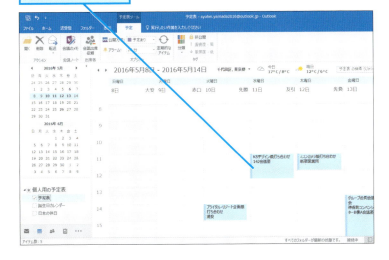

予定を削除するには

予定が中止になったときは、以下の手順で予定を削除します。心配な場合は、予定をダブルクリックしてメモがないかを確認してから、[予定表ツール]の[予定]タブにある[削除]ボタンをクリックしましょう。

❶ 削除する予定をクリック　[予定表ツール]の[予定]タブが表示された

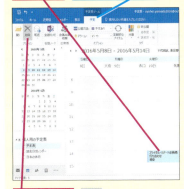

❷ [削除]をクリック

間違った場合は？

日付や時刻を間違って設定した場合は、同じ手順でやり直します。

Point

ダブルブッキングに注意しよう

予定をダブルクリックすれば、[予定]ウィンドウですぐに登録情報の変更や追加が可能です。時刻や場所が変わったときは、このレッスンの方法で予定の内容を変更しましょう。予定を削除して新しく予定を登録し直しても構いませんが、大切なメモなどが残されていないかを確認してから削除を実行するといいでしょう。また、Outlookでは、同じ時間帯に複数の予定を登録できます。しかし、そのままダブルブッキングにならないよう、予定を忘れずに調整し直してください。

36 予定の編集

できる 125

レッスン 37 毎週ある会議の予定を登録するには

定期的な予定の設定

定例会議やスクールのレッスンなど、繰り返される予定を定期的な予定として管理できます。各回ごとに予定を登録する必要はありません。

1 日時を選択して定期的な予定を作成する

ここでは、毎週火曜日の9:30～11:00に行う定例会議を予定に登録する

レッスン㉟を参考に、最初の予定を登録する週を表示しておく

最初の予定日時をドラッグして選択する

❶火曜日の[9:30]から[11:00]までドラッグ

❷そのまま右クリック

❸[新しい定期的な予定]をクリック

▶キーワード

アイテム	p.243
ビュー	p.246
フォルダー	p.247
予定表	p.247

 ショートカットキー

Alt + S ………… 保存して閉じる

💡HINT! 必ず終了日を設定しておこう

定期的な予定には、必ず[反復回数]か、[終了日]を設定しておきましょう。終了日が未定の場合も、適当な日付を設定しておきます。途中で終了日を設定すると、定期的な予定がすべて上書きされ、キャンセルや日程変更などの記録が失われてしまいます。最初に定期的な予定を設定するときに、仮の終了日や回数を設定しておき、延長が必要になったときに新しく定期的な予定を作成します。

2 定期的な予定を設定する

[定期的な予定の設定]ダイアログボックスが表示された

ここでは、毎週火曜日に予定が繰り返されるようにする

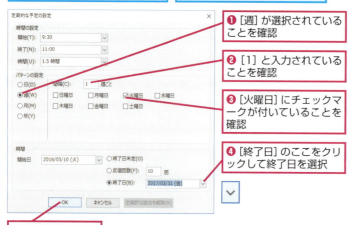

❶[週]が選択されていることを確認

❷[1]と入力されていることを確認

❸[火曜日]にチェックマークが付いていることを確認

❹[終了日]のここをクリックして終了日を選択

❺[OK]をクリック

間違った場合は?

日付を間違えたことに気が付いたら、手順3の[予定]ウィンドウで[定期的なアイテム]ボタンをクリックし、開始日と曜日を変更します。

③ 予定の内容を入力する

| 定期的な予定が設定された | [定期的な予定]ウィンドウが表示された |

| 通常の予定と同様に、件名や場所などを入力する | ❶件名を入力 | ❷場所を入力 |

❸[アラーム]のここをクリックして[なし]を選択

④ 入力した予定を保存する

| 予定の入力を完了する | [保存して閉じる]をクリック | |

⑤ 定期的な予定が登録された

| 選択した日時から終了日まで、定期的に繰り返す予定が登録された | 定期的な予定には、繰り返しを示すアイコンが表示される |

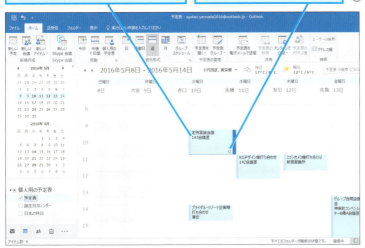

HINT! 祝日に設定された予定だけを削除するには

繰り返しの予定を登録したものの、当日が祝日のため、その回のみ予定を削除したいという場合もあるでしょう。その場合は、祝日に表示されている予定をクリックして選択し、[予定表ツール]の[定期的な予定]タブにある[削除]ボタンをクリックします。[削除]ボタンの一覧から[選択した回を削除]をクリックすると、その日だけ予定が削除されます。このとき、[定期的なアイテムを削除]を選ばないようにしてください。登録した繰り返しの予定がすべて削除されてしまい、削除の取り消しもできません。

HINT! 特定の回のみ、予定の場所を変更するには

日時は変わらないが、その日のみ別の場所で開催するという予定は、定期的な予定をダブルクリックし、[定期的なアイテムを開く]ダイアログボックスで[この回のみ]を選択してから[OK]ボタンをクリックしましょう。表示される[予定]ウィンドウで、予定の内容を変更できます。

Point 毎週や毎月の決まった予定を一度で登録できる

場所と時刻が一定で、毎週、毎月などの特定のパターンで繰り返される予定は、定期的な予定として設定しておきます。毎回、同じ内容の予定を登録する必要はありません。日、週、月ごとの予定はもちろん、「隔週の水曜日」といった頻度でも設定が可能です。なお、「繰り返し設定されている予定から祝日の回を削除したい」、または「ある回だけ、予定の開催場所を変更したい」というときは、上のHINT!の方法で操作するといいでしょう。

37 定期的な予定の設定

できる 127

レッスン 38

数日にわたる出張の予定を登録するには

イベント

終日の予定は「イベント」として登録するといいでしょう。出張や展示会などの予定をイベントとして入力すれば、時間帯で区切った予定とは別に管理できます。

このレッスンは動画で見られます　操作を動画でチェック！　※詳しくは2ページへ

▶キーワード

アイテム	p.243
イベント	p.244
カレンダーナビゲーター	p.245
ビュー	p.246
予定表	p.247

1 数日にわたる期間を選択する

ここでは、5月18日～19日に大阪に出張する予定を登録する

レッスン㉟を参考に、予定を登録する週を表示しておく

❶最初の日にマウスポインターを合わせる

❷最後の日までドラッグ

 ショートカットキー

Alt + S ………… 保存して閉じる

HINT! 週をまたぐイベントを設定するには

長期間の予定は［月］ビューで表示してから入力しましょう。［月］ビューで連続した日付を選択するとイベントとして扱われ、既存の予定などとの重なりが把握しやすくなります。

［月］をクリック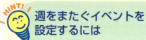

［月］ビューに切り替わった

期間を縦横にドラッグして選択できる

2 イベントを作成する

数日にわたる期間を選択できた

選択した期間にイベントとして予定を作成する

［新しい予定］をクリック

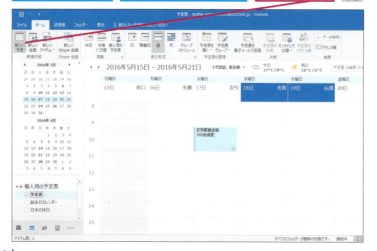

⚠ 間違った場合は？

間違った期間を選択した場合は、もう一度ドラッグして正しい期間を選択し直します。

128 できる

③ 予定の内容を入力する

[イベント] ウィンドウが表示された

通常の予定と同様に、件名や場所などを入力する

❶件名を入力
❷場所を入力
❸[アラーム]のここをクリックして[なし]を選択

④ 入力した予定を保存する

イベントの入力を完了する
[保存して閉じる]をクリック

⑤ 数日にわたる予定が登録された

選択した期間で終日の予定が登録された

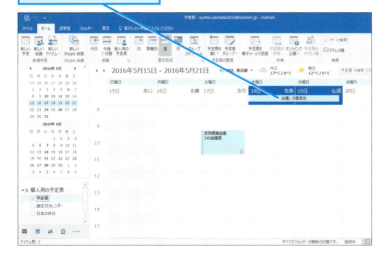

入力済みの予定を終日の予定に変更するには

開始時刻を指定した予定も、後から終日の予定に変更できます。アイテムをダブルクリックして開き、[開始時刻]の[終日]をクリックしてチェックマークを付けます。

移動や期間の延長はドラッグでもできる

入力済みのイベントは、中央部分をドラッグして日付を変更できます。カレンダーナビゲーターへのドラッグでは、離れた日付への変更になります。また、右端や左端をドラッグすれば、期間の延長ができます。

イベントをドラッグして開始日を変更できる

Point

予定とイベントを使い分ける

商品の発売日のように開始時刻のない予定や、出張や展示会など数日間にわたる予定は、その日付や期間に「イベント」として登録しておきます。Outlookにおけるイベントは「日」単位で設定できる終日の予定です。終日とは午前0時から翌日午前0時までの24時間を意味します。入力されたイベントは予定表の上部に期間として表示されるので、ほかの予定と区別しやすくなっています。

レッスン 39 予定表に祝日を表示するには

祝日の追加

予定表を使いやすくするために、祝日の情報を設定しておきましょう。ここでは、Outlookにあらかじめ用意された祝日から、日本の祝日を取り込みます。

1 [予定表に祝日を追加] ダイアログボックスを表示する

レッスン⑩を参考に、[Outlookのオプション] ダイアログボックスを表示しておく

❶ [予定表] をクリック

❷ [祝日の追加] をクリック

▶キーワード

Microsoftアカウント	p.243
Outlookのオプション	p.243
アイテム	p.243
イベント	p.244
色分類項目	p.244
予定表	p.247

 Outlookで利用できる祝日情報とは

Outlook 2016には、祝日情報が用意されていますが、2023年以降の休日に関しては、手で入力する必要があります。なお、Microsoftアカウントを使用している場合は、このレッスンの方法を使わず、Outlook.comに用意された [日本の休日] カレンダーを表示する方法もあります。詳しくは、レッスン㊶を参照してください。

2 国名を選択する

[予定表に祝日を追加] ダイアログボックスが表示された

どの国の祝日を追加するかを選択する

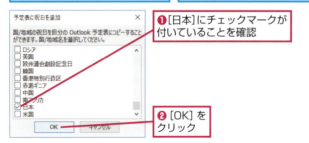

❶ [日本] にチェックマークが付いていることを確認

❷ [OK] をクリック

 複数の国の祝日情報を登録できる

[予定表に祝日を追加] ダイアログボックスには、各国の祝日情報が用意されています。外資系の企業などでOutlookを使うときは、日本以外の祝日情報も登録するといいでしょう。

 間違った場合は?

手順2で必要のない国をクリックした場合は、もう一度クリックしてチェックマークをはずし、正しい国をクリックしてチェックマークを付けます。

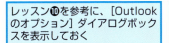

暦の表示を切り替えられる

予定表の日付には、標準の設定で「大安」や「赤口」などの六曜が表示されています。[Outlookのオプション] ダイアログボックスは、六曜の表示と非表示を切り替えることができます。六曜では、大安のみを表示するといった設定ができるほか、干支や旧暦の表示も可能です。好みに合わせて設定しておきましょう。

レッスン⓾を参考に、[Outlookのオプション] ダイアログボックスを表示しておく

ここでは暦を[干支] に変更する

暦が干支に変更された

❶ [予定表] をクリック

❷ [六曜] のここをクリック

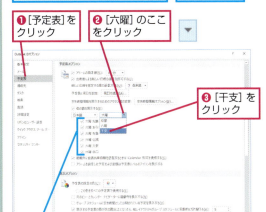

❸ [干支] をクリック

チェックボックスをクリックすると、六曜の表示と非表示を個別に切り替えられる

❹ [OK] をクリック

3 祝日が取り込まれた

日本の祝日が予定表に取り込まれる

完了を確認するダイアログボックスが表示された

[OK] をクリック

更新が必要な祝日情報に注意しよう

このレッスンで追加される祝日情報は完全なものではありません。例えば、春分の日、秋分の日の日付はあくまでも計算で求めたものであり、前年の官報で公示される日付とは異なる場合があります。また、秋分の日に依存する9月の「国民の休日」なども同様です。間違っている場合は、手動で修正しておきましょう。

次のページに続く

❹ [Outlookのオプション] ダイアログボックスを閉じる

[Outlookのオプション] ダイアログボックスが表示された

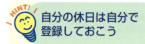
[OK] をクリック

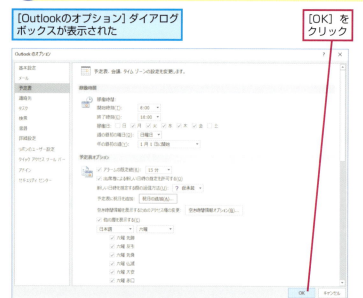

> **HINT!** 自分の休日は自分で登録しておこう
>
> 夏期休暇や冬期休暇、年末年始、創立記念日など、プライベートな休日は、自分で終日の予定として登録しておきましょう。

テクニック 祝日を色分類項目に追加できる

このレッスンで追加した祝日は、[祝日] の項目に設定されていますが、色分類項目には分類されておらず、白い色が表示されます。以下の手順を参考に、色分類項目に登録すると自分の好きな色を祝日に割り当てられます。

❶ 祝日の予定をクリックして選択

[予定表ツール] の [予定] タブが表示された

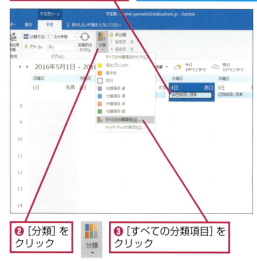

❷ [分類] をクリック

❸ [すべての分類項目] をクリック

❹ [祝日 (分類項目マスターにない)] をクリック

❺ [新規作成] をクリック

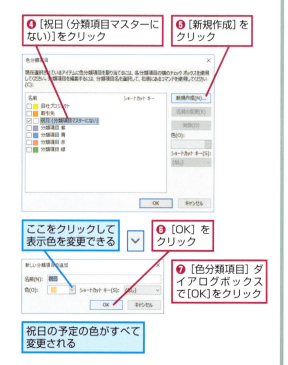

ここをクリックして表示色を変更できる

❻ [OK] をクリック

❼ [色分類項目] ダイアログボックスで[OK]をクリック

祝日の予定の色がすべて変更される

 **テクニック** 祝日のデータをまとめて削除できる

他国の祝日情報を一時的に追加した場合や、Outlook.comの［日本の休日］カレンダーを使うために追加済みの祝日アイテムが必要なくなった場合は、祝日アイテムを削除しておきましょう。同じ日に祝日情報が重複して表示されることがなくなります。

❶［表示］タブをクリック

❷［ビューの変更］をクリック
❸［一覧］をクリック
❹［分類項目］をクリック

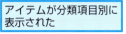
アイテムが分類項目別に表示された
❺［分類項目: 祝日］をクリック

祝日の予定がすべて選択された
❻ Delete キーを押す

❼［OK］をクリック

追加された祝日がまとめて削除される

5 予定表に祝日が追加された

日本の祝日が予定表に取り込まれた
祝日は終日のイベントとして追加される

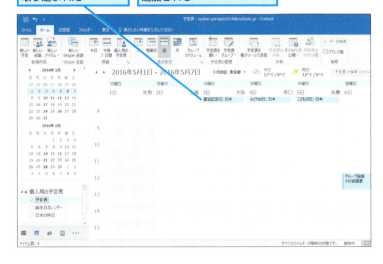

Point
祝日は終日の予定として登録される

このレッスンで予定表に取り込まれた祝日情報は、あらかじめ用意された終日の予定です。祝日が日曜日に重なった場合の振替休日なども追加されます。分類項目として「祝日」、場所として「日本」が割り当てられている以外は通常の予定と同じです。削除や移動もできてしまうので、扱いには注意してください。

39 祝日の追加

レッスン 40

予定を検索するには

予定の検索

紙の予定表では、目的の予定を探し出すのは大変です。Outlookの予定表に登録した予定は、キーワードや場所、日付などの条件から瞬時に検索できます。

1 予定を検索する

予定表を表示しておく
❶検索ボックスをクリック
❷検索する文字を入力
❸ Enter キーを押す

2 検索結果が表示された

手順1で入力した文字を含む予定が表示された
検索した文字の部分が色付きで表示された

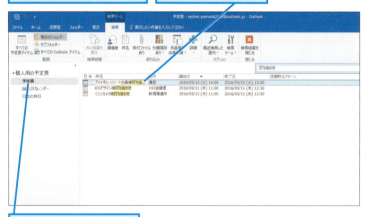

[予定表] をクリックすると予定表が表示される

▶ キーワード

アイテム	p.243
ビュー	p.246
フィールド	p.247
フォルダー	p.247
予定表	p.247

 ショートカットキー

Ctrl + Alt + K
………現在のフォルダーを検索
Ctrl + E
………すべての予定表アイテムの検索

HINT! 最近検索したキーワードで検索を実行するには

検索ボックスに入力したキーワードは自動で記録されます。[最近検索した語句] ボタンを利用すれば、以前入力したキーワードを一覧から選択でき、検索ボックスに同じキーワードを入力する手間を省けます。

❶検索ボックスをクリック

[検索ツール]の[検索]タブが表示された

❷ [最近検索した語句] をクリック

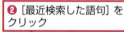

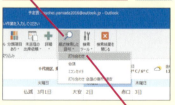

検索したキーワードの一覧が表示された
❸検索のキーワードをクリック

検索結果が表示される

❸ 検索結果を絞り込む

場所や日時などの条件を追加して検索結果を絞り込む

ここでは場所で絞り込む

❶ [検索ツール]の[検索]タブをクリック
❷ [詳細]をクリック
❸ [場所]をクリック

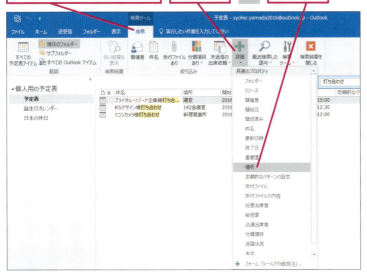

❹ 検索する文字を追加する

[場所]の検索ボックスが追加された

❶ [場所]に検索する文字を入力
❷ Enterキーを押す

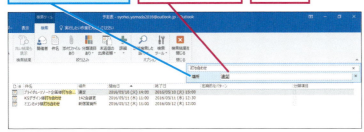

❺ 検索結果が絞り込まれた

検索結果が場所で絞り込まれた

[削除]をクリックすると検索条件が解除される

HINT! 一覧を並べ替えるには

検索結果は、[一覧]ビューと同様の形式で表示されます。一覧の上の[件名]や[場所]などの項目名をクリックすると、その項目で並べ替えができます。

HINT! 日付を基準にして予定を検索するには

キーワードなどで予定を検索した場合、キーワードが合致すれば「過去の予定」も検索結果に表示されます。特定の期間で検索結果を絞り込むには、手順3の操作3で[開始日]をクリックしましょう。[開始日]の検索ボックスで▼をクリックし、[今週]や[来週][来月]などを選択すると、選択した期間に合致する予定が表示されます。日付の検索条件を削除するときは、手順5と同様に[開始日]の検索ボックスの右に表示されている[削除]ボタンをクリックしてください。

間違った場合は?

手順3で検索条件に追加するフィールドを間違えたときは、検索ボックスの右に表示されている[削除]ボタンをクリックし、手順3から操作し直してください。

Point 予定を過去の記録として活用する

Outlookで管理している予定は、自分の行動記録にもなります。例えば、「外出や出張が多く、後から交通費を精算するのが大変」という場合でも、予定や関連情報をこまめに登録しておけば、決まった条件で情報を検索でき、すぐに内容を確認できます。また、会議や打ち合わせのメモを予定に残しておけば、それらのキーワードから必要な情報を参照でき、報告書や議事録などの作成に役立てられます。

レッスン 41

複数の予定表を重ねて表示するには

重ねて表示

Outlookでは、複数の予定表を扱うことができます。これらの予定表を重ね合わせて表示すれば、自分の予定と照らし合わせる作業が容易になります。

① 予定表を追加する

予定表を表示しておく

ここではOutlook.comの[日本の休日]を表示する

[日本の休日]をクリックしてチェックマークを付ける

▶キーワード

Microsoftアカウント	p.243
Outlook.com	p.243
アイテム	p.243
フォルダー	p.247
予定表	p.247

[日本の休日]は読み取り専用で追加される

[日本の休日]はOutlook.comが標準で提供している予定表です。Outlookに、この予定表を追加表示することで、日本の祝日情報を知ることができます。ただし、この予定表は読み取り専用のため、予定の新規作成や変更はできません。

② 予定表を重ねて表示する

チェックマークを付けた予定表が表示された

追加した予定表は、画面の右側に別の色で表示される

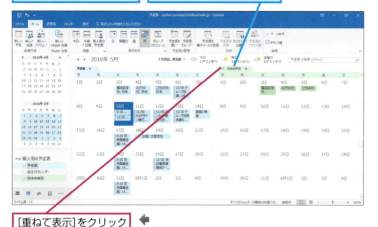

[重ねて表示]をクリック

新しい予定表を作成するには

予定表は目的別に追加することができます。[フォルダー]タブの[新しい予定表]ボタンをクリックすると、[予定表]フォルダーに新規の予定表を作成できます。ただし、Microsoftアカウントを使用している場合は、Outlookで予定表を追加できません。

③ 予定表の重なり順を変更する

予定表が重なって表示された

[日本の休日]の予定表が濃い色で表示されている

[日本の休日]の予定表を背面に表示する

[予定表]タブをクリック

④ 予定表の重なり順が変更された

背面の予定表が前面に表示された

新しい予定は最前面に表示されている予定表に追加される

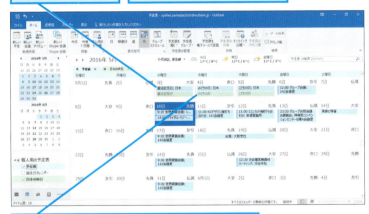

[日本の休日]の予定をクリックすると、[日本の休日]の予定表が前面に表示される

 背面に隠れた予定表のアイテムも編集できる

予定が重なり合っていない限り、背面にある予定表のアイテムをダブルクリックすれば予定が[予定]ウィンドウに表示されます。背面の予定表を手前に表示するために、タブを切り替える必要はありません。

 予定表を左右に並べて表示するには

重ね合わせた複数の予定表を、左右に並べて表示するには、[左右に並べて表示]ボタンをクリックします。

[左右に並べて表示]をクリック

 間違った場合は?

予定を新しく作成しようとして書き込むことができない場合、[日本の休日]が前面に表示された状態になっている可能性があります。手順3の操作で予定を書き込みたい予定表を前面に表示した状態でやり直しましょう。

Point
予定の種類に応じて別の予定表を追加できる

複数の予定表を使うと、関連する一連の予定の表示、非表示を簡単に切り替えられて便利です。プライベートとビジネスの予定表を別にしたり、会議室の予約状況やアルバイトのシフトを予定表にしたりするなど、いろいろな応用が可能です。さらに、Googleカレンダーのようなクラウドで利用できる予定表も追加できます。詳しくは、次のレッスン㊷を参照してください。

レッスン 42

Googleカレンダーを Outlookで見るには

インターネット予定表購読

Googleカレンダーを使っている場合は、Outlookでも表示できます。自分のカレンダーだけでなく、公開されているほかのユーザーのカレンダーも表示できます。

Googleカレンダーの表示用リンクをコピーする

1 Googleカレンダーを表示する

あらかじめGoogleアカウントを作成し、Googleカレンダーに予定を登録しておく

ここでは自分のGoogleカレンダーをOutlookで表示するために、限定公開URLを取得する

レッスン❸を参考に、Microsoft Edgeを起動しておく

❶アドレスバーに下記のURLを入力
❷ Enter キーを押す

▼GoogleカレンダーのWebページ
https://www.google.com/calendar

2 Googleアカウントでログインする

Googleカレンダーのログイン画面が表示された

❶Googleアカウントのメールアドレスを入力
❷［次へ］をクリック

▶ キーワード

Gmail	p.242
Googleアカウント	p.242
iCalender	p.242
Outlook.com	p.243
URL	p.243
アイテム	p.243
インターネット予定表	p.244
スマートフォン	p.246
タブレット	p.246
フォルダー	p.247
予定表	p.247

 ショートカットキー

Ctrl + C ………… コピー
Ctrl + V ………… 貼り付け

 Googleカレンダーを利用するには

GoogleカレンダーはGoogleが提供するクラウド型の予定表サービスです。利用するにはGoogleアカウントが必要です。GmailなどGoogleのサービスを使っている場合は同じアカウントを使えます。Googleアカウントを新規に取得するには、手順2の画面で［アカウントを作成］をクリックし、画面の指示に従って登録してください。

OutlookからGoogleカレンダーへは予定を追加できない

Outlookでは、Googleカレンダーを表示するだけで、予定を編集したり、新規に追加したりすることはできません。予定を編集するには、GoogleカレンダーのWebページから行うか、ほかの対応アプリを使う必要があります。

❸ パスワードを入力

❹ [ログイン]をクリック

③ カレンダーの設定を表示する

Googleカレンダーが表示された

❶ [マイカレンダー]をクリック

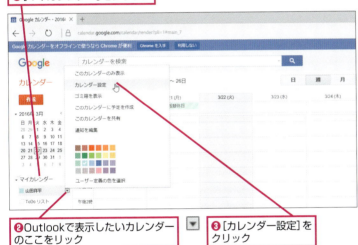

❷ Outlookで表示したいカレンダーのここをリック

❸ [カレンダー設定]をクリック

④ カレンダーの非公開URLを表示する

[(カレンダー名)の詳細]の画面の[カレンダーの情報]タブが表示された

[非公開URL]の[ICAL]をクリック

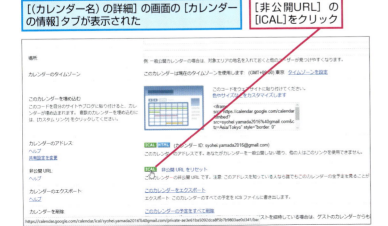

42 インターネット予定表購読

「非公開URL」の公開範囲に注意しよう

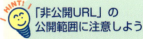

次ページの手順5で表示される「非公開URL」は、そのURLを知っている人なら誰でも、その対象となるカレンダーを参照できます。パスワードなどによる保護もありません。便利な反面、プライバシー保護の点で不安を感じる場合もあります。知られてはまずい人に知られた場合は、手順4の画面で[非公開URLをリセット]をクリックすることで、新規のURLが発行され、以前のURLを無効にできます。

自分のGoogleカレンダー以外もOutlookで表示できる

このレッスンでは自分のGoogleカレンダーを自分で参照していますが、ほかの人から非公開URLを教えてもらえれば、複数のメンバーの予定を1つにまとめて表示できます。全員が空いている時間に会議を設定するなど、予定の擦り合わせに使うと便利です。

間違った場合は?

手順3で[カレンダー設定]が表示されない場合、[マイカレンダー]の右側にあるをクリックしてしまった可能性があります。目的のカレンダーの右側の をクリックし直しましょう。

次のページに続く

❺ カレンダーの非公開URLをコピーする

[非公開URL]の画面が表示された　❶URLをドラッグして選択　❷[Ctrl]+[C]キーを押す

URLがコピーされた　❸[OK]をクリック

Outlookの予定表にGoogleカレンダーを追加する

❻ [新しいインターネット予定表購読]ダイアログボックスを表示する

Outookの[予定表]の画面を表示しておく

❶[フォルダー]タブをクリック　❷[予定表を開く]をクリック

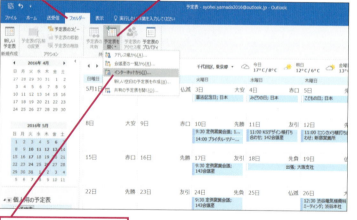

❸[インターネットから]をクリック

❼ Googleカレンダーの限定公開URLを入力する

[新しいインターネット予定表購読]ダイアログボックスが表示された　❶ここをクリック

❷[Ctrl]+[V]キーを押す

コピーした限定公開URLが貼り付けられた

❸[OK]をクリック

💡HINT! 「インターネット予定表」って何？

インターネット予定表は、予定表をさまざまなカレンダーアプリで開くためのファイル形式で、標準的にはiCalender形式（ICSファイル）で公開されています。OutlookでiCalender形式のカレンダーを表示専用のカレンダーとして開くことを「購読する」といいます。インターネット上にはイベントカレンダーやスポーツカレンダーなど、各種の予定表が公開されており、「iCal」などのボタンやリンクで見分けられます。「ics プロ野球」といったキーワードで検索してみましょう。

💡HINT! Googleカレンダーの予定をOutlookにコピーするには

購読しているGoogleカレンダーの予定は、それを通常使っている予定表フォルダーにドラッグすることでコピーができます。また、119ページのテクニックを参考に、Googleカレンダーの予定を一覧表示させた上で、すべてを選択すれば、複数の予定を一度にコピーできます。

❶Googleカレンダーの予定にマウスポインターを合わせる　❷Outlookで通常使っている予定表フォルダーまでドラッグ

Googleカレンダーの予定がOutlookの予定表にコピーされる

⚠ 間違った場合は？

手順8の画面が表示されない場合、URLのコピーに失敗している可能性があります。もう一度、手順5の方法でURL全体を正しくコピーします。

8 カレンダーの購読を確認する

インターネット予定表の購読を確認するダイアログボックスが表示された

[はい]をクリック

予定表の購読をやめるには

開いている予定表が必要なくなった場合は、フォルダーの一覧から購読中の予定表を右クリックし、ショートカットメニューから[予定表の削除]を実行することで、購読を中止できます。

❶ [予定表]を右クリック　❷ [予定表の削除]をクリック

確認のダイアログボックスが表示された

❸ [はい]をクリック　予定表の購読が中止される

9 Outlookの予定表とGoogleカレンダーを重ねて表示する

[その他の予定表]グループが作成され、Googleカレンダーがインターネット予定表として追加された

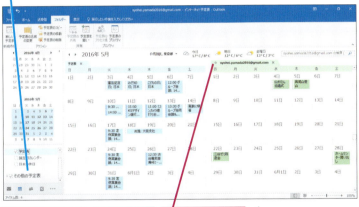

ここでは読みやすくするために予定表を重ねて表示する

[重ねて表示]をクリック

10 Googleカレンダーが重なって表示された

GoogleカレンダーとOutlookの予定表が重なって表示された

Googleカレンダーが変更された場合は表示が更新される

Point
すでに使っている予定表を参照できる

スマートフォンやタブレットの普及で、すでにGoogleカレンダーを使って予定を管理している人も多いはずです。Outlookから直接書き込むことはできませんが、Googleカレンダーを「インターネット予定表」として表示させると便利です。Googleカレンダーの予定を重ねて確認したり、Outlookで管理している予定表に予定をコピーしたりするといいでしょう。

できる | 141

この章のまとめ

●Outlookで予定を整理して管理する

「分刻みで行動しているような忙しい人でもない限り、パソコンでスケジュールを管理するメリットなどないのではないか」。そう思っていた方もいるかもしれません。でも、Outlookの予定表を使ってスケジュールを管理してみれば、紙の手帳で感じていた不便さが、あらゆる場面で解消されることに気付くことでしょう。数年分の記録を蓄積でき、記入スペースの制限もなく、キーワードや日付、場所などから瞬時に予定を検索できます。Outlookの予定表を使いこなすことができれば、ビジネスには欠かすことのできないツールになるでしょう。

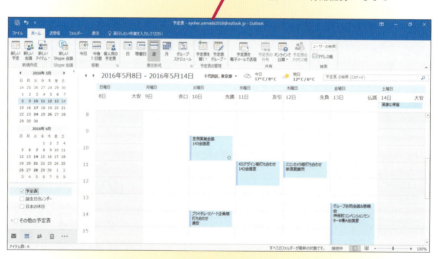

予定表の作成と管理
Outlookを利用すれば、予定表を1日単位、週単位、月単位など見やすい形式に切り替えて表示できる。予定の日時や場所の変更も簡単で、使い続ければ行動記録にもなる

第5章 タスクを管理する

手帳に「備忘録」「To Do」として記入していた情報をOutlookで管理していきましょう。この章では、タスクの機能を使い、特定の期限までに完了しなければならない仕事や作業を管理する方法を説明します。

●この章の内容
- ㊸ 自分のタスクを管理しよう……………………………144
- ㊹ タスクリストにタスクを登録するには………………146
- ㊺ タスクの期限を確認するには …………………………148
- ㊻ 完了したタスクに印を付けるには……………………150
- ㊼ タスクの期限を変更するには …………………………152
- ㊽ 一定の間隔で繰り返すタスクを登録するには……154

レッスン 43

自分のタスクを管理しよう

タスクの役割

Outlookにおける「タスク」とは、ある期限までに完了させなければならない作業や仕事のことです。ここでは、タスクの管理方法や操作画面を紹介します。

Outlookでのタスク管理

タスクは、「To Do」や「備忘録」といった呼称で、紙の手帳などでも古くから愛用されてきた仕事や作業の管理方法をOutlookで実現したものです。タスクには「開始日」と「期限」を設定し、適宜、アラームで進行状況を通知しながらタスクの進行状況を更新していきます。そして、一連の作業が終われば、「完了」とします。

▶キーワード

To Doバー	p.243
アラーム	p.244
タスク	p.246
ビュー	p.246
フラグ	p.247
予定表	p.247
リボン	p.247

「いつまでにやらなければいけない」というTo Doを手帳やメモで管理するときは、更新や変更がしにくい

 タスクと予定の違いとは

「タスク」は、ある期限までに作業を完了させるための工程です。会議の例で考えてみましょう。例えば、週に1回行う定例会議の場合は、開始日時が決まっている「予定」ですが、「会議で提出する資料の作成」が会議までに済ませないといけない「タスク」です。誰かと打ち合わせをする、どこかに出張するといった行動は予定に分類し、それまでにやらねばいけないことをタスクに分類するといいでしょう。

やるべき作業が期限の近い順に一覧表示される

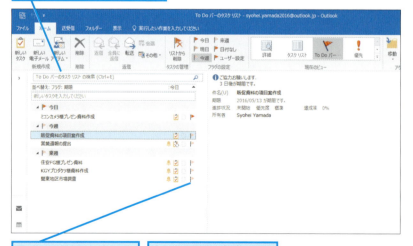

アイコンをクリックして、完了したタスクを一覧からはずせる

タスクの期限を簡単に変更できるほか、アラームで進行状況を確認できる

第5章 タスクを管理する

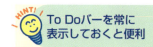

To Doバーを常に表示しておくと便利

ウィンドウの右端にTo Doバーを表示させておけば、メールや予定表を見ているときでもタスクの状態を常に確認できます。To Doバーを表示するには、[表示]タブをクリックして[To Doバー]ボタンの一覧にある[タスク]をクリックしましょう。なお、To Doバーには、タスクとフラグを付けたメールが表示されます。また、To Doバーの表示方法と表示内容を変更する方法は、レッスン㊹とレッスン㊺で詳しく解説しています。

タスクの管理や確認を行う画面

一覧とプレビューで表示されるタスクの画面は、メールの画面とよく似ています。リボンに表示されるボタンを使い、登録したタスクに修正を加え、やるべき作業を進めていきます。下の画面の右側には、To Doバーが表示されていますが、To Doバーを表示すると、To Doバーのタスクリストや予定表の項目をすぐに確認できます。

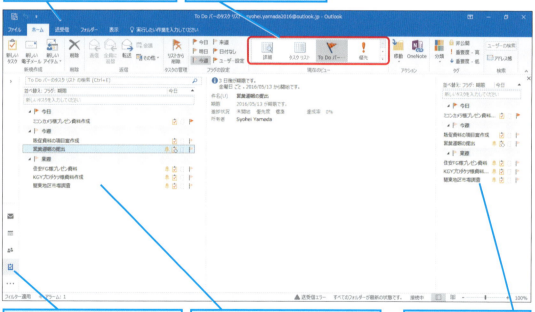

◆リボン
タスクに関するさまざまな機能のボタンがタブごとに整理されている

◆[現在のビュー]グループ
タスクの表示形式をボタンで切り替えられる

◆タスク
[タスク]をクリックすると、To Doバーのタスクリストが表示される。マウスポインターを合わせると、タスクがプレビューに表示される

◆ビュー
登録されているタスクがTo Doバーのタスクリストに表示される。[現在のビュー]にある[詳細]や[タスクリスト]をクリックすると、表示が切り替わる

◆To Doバー
表示しておくと、タスクや予定表などの項目を常に確認できる

レッスン 44

タスクリストにタスクを登録するには

新しいタスク

やるべき作業が発生したら、タスクリストに登録します。ささいな用件でも、備忘録としてタスクに登録しておけば、作業内容ややるべきことを忘れにくくなります。

1 タスクリストを表示する

タスクを登録するために、To Doバーのタスクリストを表示する

[タスク]をクリック

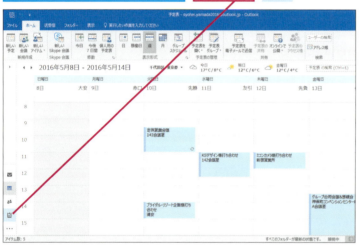

2 タスクを作成する

To Doバーのタスクリストが表示された

[新しいタスク]をクリック

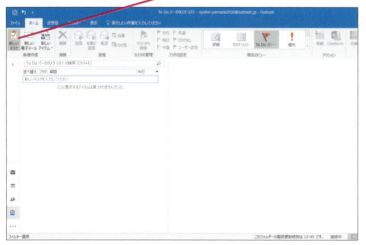

▶キーワード

To Doバー	p.243
アイテム	p.243
アラーム	p.244
タスク	p.246

ショートカットキー

Alt + S ……… 保存して閉じる
Ctrl + 4 ……… タスクに切り替える
Ctrl + N ……… 新しいアイテム

HINT! 簡単にタスクを作成するには

手順2で[新しいタスクを入力してください]というボックスに件名を入力してもタスクを登録できます。ウィンドウを開く必要がないので、その場で思い付いたタスクをすぐに登録できて便利です。ただし、[開始日]や[期限]は件名を入れた日付となり、アラームも設定されません。開始日や期限の変更やアラームを後から設定するときは、To Doバーのタスクリストにあるタスクをダブルクリックし、手順3～4の方法で操作してください。

❶件名を入力 　❷Enterキーを押す

間違った場合は?

間違った件名を登録してしまった場合は、手順5でタスクをクリックし、もう一度クリックすると修正ができます。なお、ダブルクリックしたときは手順3の画面で名前を修正します。

❸ 件名と期限を入力する

［タスク］ウィンドウが表示された

❶件名を入力　タスクに期限を設定する　❷［期限］のここをクリックして日付を選択

❹ アラームを設定する

タスクに期限が設定された　期限を知らせるアラームを設定する

❶［アラーム］をクリックしてチェックマークを付ける　❷ここをクリックしてアラームの日付を選択　❸ここをクリックしてアラームの時刻を選択

タスクの入力を完了する　❹［保存して閉じる］をクリック

❺ タスクが登録された

タスクが登録され、To Doバーのタスクリストに表示された

HINT! プレビューからでもタスクを登録できる

ナビゲーションバーの［タスク］ボタンにマウスポインターを合わせると、プレビューが表示されます。［新しいタスクを入力してください］のボックスに件名を入力しても、タスクを登録できます。期限の変更やアラームの設定をするときは、タスクをダブルクリックして内容を編集しましょう。

［タスク］にマウスポインターを合わせる

件名を入力してタスクを登録できる

HINT! 適切な日時にアラームを設定しよう

初期設定では、アラームの通知時刻が「期限当日の朝8時」に設定されます。事前に準備することが多いタスクの場合は、期限の2日前や3日前にアラームを設定しましょう。

Point さまざまな用件を登録しておこう

件名さえ入力すれば、タスクとして登録されます。［タスク］ウィンドウには、たくさんの項目がありますが、それらをすべて埋める必要はありません。仕事の内容に応じて、期限などの情報を追加すればいいでしょう。ビジネスに直結するような重要な事柄だけでなく、買い物の予定や電話連絡などの用件を登録すると、自分の行動や予定の見通しが立てやすくなります。

できる | 147

レッスン 45

タスクの期限を確認するには
アラーム

タスクに設定した期限が近づくとアラームが表示されます。タスクが進んでいないときは再通知を設定し、通知が不要になったらアラームを削除しましょう。

▶キーワード
アイテム	p.243
アラーム	p.244
タスク	p.246

再通知の設定

1 アラームの日時を変更する

設定した日時に通知のダイアログボックスが表示された

翌日にもう一度通知が表示されるように設定する

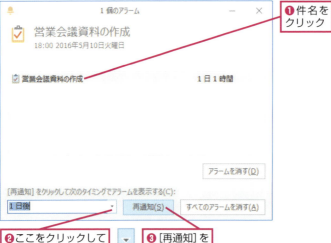

❶件名をクリック
❷ここをクリックして［1日後］を選択
❸［再通知］をクリック

2 アラームの日時が変更された

通知のダイアログボックスが閉じた

タスクの期限は変更されず、アラームの日時のみが再設定された

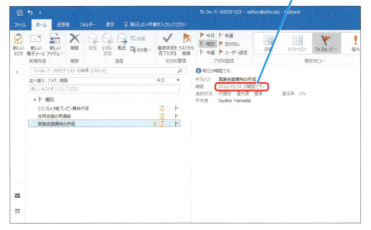

HINT! 複数のアラームが表示されることもある

朝、パソコンの電源を入れてOutlookを起動したときなどは、複数のアラームが一度に表示される場合があります。その場合は、設定を変更する件名をクリックして操作を進めます。

複数のアラームが同時に表示されることがある

HINT! アラームの削除後にアラームを再設定するには

アラームを消しても、タスクリストにあるタスクをダブルクリックして［タスク］ウィンドウを表示すれば、再度アラームを設定できます。

［タスク］ウィンドウでアラームを再設定できる

⚠ 間違った場合は?

手順1で間違って画面を閉じてしまったときは、［表示］タブの［アラームウィンドウ］ボタンをクリックして再表示させましょう。

アラームの削除

③ アラームを削除する

設定した日時に通知のダイアログボックスが表示された

タスクの期限が確認できたので、アラームを消す

❶件名をクリック

❷[アラームを消す]をクリック

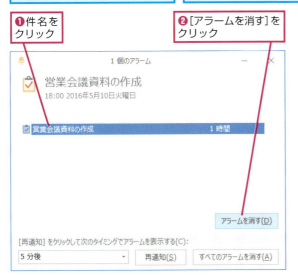

④ アラームが削除された

通知のダイアログボックスが閉じた

アラームが表示されなくなり、アラームのアイコンが消えた

タスクの期限は変更されない

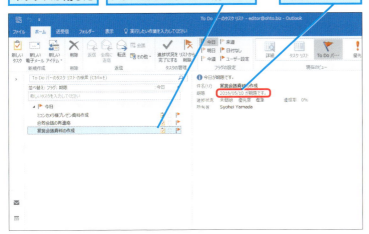

注意 アラームを消すと、タスクの期限を過ぎても通知は表示されません

HINT! アラームの再生音を変更するには

[タスク]ウィンドウでスピーカーのボタン（）をクリックすると、[アラーム音の設定]ダイアログボックスが表示されます。[参照]ボタンをクリックし、[アラームのサウンドファイル]ダイアログボックスでWAV形式のファイルを選択すれば、アラームの再生音を変更できます。通常は、Cドライブの[Windows]フォルダーの中にある[Media]フォルダーにWAVファイルが用意されています。

HINT! アラームの再生音を鳴らさないようにするには

標準の設定では、アラームの表示時に音が鳴るようになっています。再生音を鳴らさないようにするには、上のHINT!を参考に[アラーム音の設定]ダイアログボックスを表示し、[音を鳴らす]をクリックしてチェックマークをはずしてください。

Point
期限が近いことを知らせてくれる

レッスン㊹で紹介した方法でタスクにアラームを設定しておけば、決まったタイミングで「期限までの残り時間」が自動で通知されます。あらかじめ決まった期限に向けて行動を起こしていれば問題はありませんが、期限やタスクそのものの内容を忘れていたときは、再通知の設定をして、期限までにタスクが完了できるように行動を起こしましょう。また、アラームを常に確認できるように、Outlookを起動したままにしておくといいでしょう。

レッスン 46

完了したタスクに印を付けるには

進捗状況が完了

タスクが完了したら、アイテムに完了の印を付けます。完了したタスクは、To Doバーのタスクリストから消えますが、削除されたわけではありません。

▶キーワード

To Doバー	p.243
アイテム	p.243
タスク	p.246
ビュー	p.246
メール	p.247

1 タスクを選択する

- タスクに [完了] の印を付ける
- タスクをクリックして選択
- タスクの内容が表示された

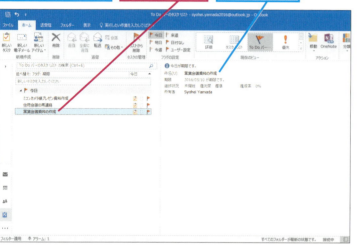

[タスク] ウィンドウでも状況を設定できる

このレッスンでは、タスクを選択し、フラグのアイコンをクリックしてタスクを [完了] の状態にします。さらに、タスクをダブルクリックして表示される [タスク] ウィンドウの [進捗状況] でも、タスクの状態を [完了] に設定できます。なお、[タスク] ウィンドウを利用すれば、タスクを [進行中] や [待機中][延期] といった状況にも設定できます。

タスクをダブルクリックして、[タスク]ウィンドウを表示しておく

[進捗状況]をクリックして状況を設定できる

2 タスクを完了の状態にする

❶ ここにマウスポインターを合わせる
❷ そのままクリック

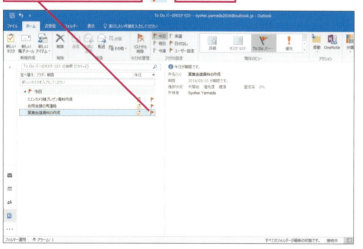

[完了]以外の状態もタスクに設定できる

テクニック 完了したタスクも確認できる

完了したタスクを確認するには、以下の手順でビューを[タスクリスト]や[詳細]に切り替えます。[タスクリスト]や[詳細]に切り替えると、完了かそうでないかにかかわらず、すべてのタスクが表示されます。完了したタスクのみを確認するには、[完了]ボタンをクリックしましょ う。なお、完了したタスクを未完了の状態に戻すには、✔をクリックして▶にします。また、ビューの表示を元に戻すには、[現在のビュー]グループの[To Doバーのタスクリスト]をクリックしてください。

[タスク]の画面を表示しておく

❶ [ホーム]タブをクリック
❷ [タスクリスト]をクリック

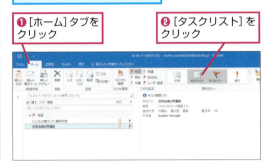

すべてのタスクが表示された

ここをクリックすると、タスクの状態を未完了に戻せる

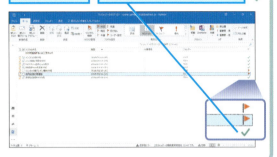

3 タスクが完了の状態になった

完了の状態にしたタスクが、To Doバーのタスクリストから消えた

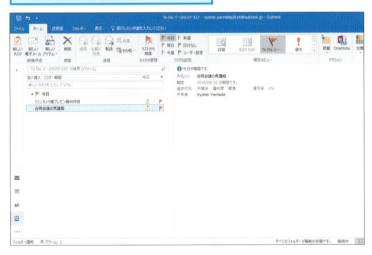

⚠ 間違った場合は?

完了していないタスクを[完了]の状態にしてしまったときは、上のテクニックを参考にしてビューを[タスクリスト]に切り替えてから、タスクのチェックマークをはずします。

Point
完了したタスクを削除しないようにする

完了したタスクは削除するのではなく、完了の印を付けておきましょう。タスクを削除すると、過去にどのような作業をしたのかが記録に残らなくなってしまいます。開始日や期限を設定したタスクを残しておけば、後で同じような作業を進めるときに、どれくらいの期間が必要なのかを把握しやすくなります。完全に不要になったタスクを削除したいときは、手順1の操作でタスクを選択し、[ホーム]タブの[削除]ボタンをクリックします。

レッスン 47

タスクの期限を変更するには

タスクの編集

期限が過ぎたタスクは赤い文字で表示され、急いで片付けなければならないことがひと目で分かります。ここでは、タスクの期限を変更する方法を説明しましょう。

1 [タスク]ウィンドウを表示する

- 期限を過ぎたタスクの期限を再設定する
- 期限を過ぎたタスクは赤い文字で表示される
- 期限を変更するタスクをダブルクリック

▶キーワード

To Doバー	p.243
色分類項目	p.244
タスク	p.246

ショートカットキー

Ctrl + S ………… 上書き保存

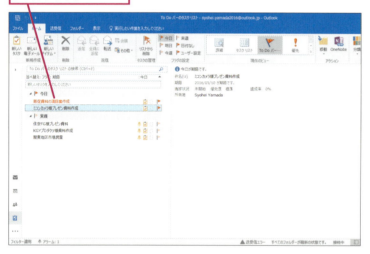

HINT! 期限を過ぎたタスクの色を変更するには

標準の設定では、期限を過ぎたタスクは赤い文字で表示されます。この色は、[Outlookのオプション]ダイアログボックスの[タスク]で好みの色に変更できます。

- レッスン⑩を参考に、[Outlookのオプション]ダイアログボックスを表示しておく
- ここをクリックしてタスクの色を変更できる

2 期限を変更する

- [タスク]ウィンドウが表示された
- ❶[期限]のここをクリック

- カレンダーが表示された
- ❷新しい日付をクリック

HINT! タスクを色で分類できる

メールと同様に、タスクも色分類項目を設定できます。To Doバーのタスクリストでタスクを右クリックし、[分類]の一覧から色分類項目を選択するか、[ホーム]タブの[分類]ボタンからでも操作できます。手順2のように[タスク]ウィンドウを表示していれば、[タスク]タブの[分類]ボタンからでも設定できます。

第5章 タスクを管理する

152 できる

③ 変更を保存する

タスクの変更内容を保存する

[保存して閉じる]をクリック

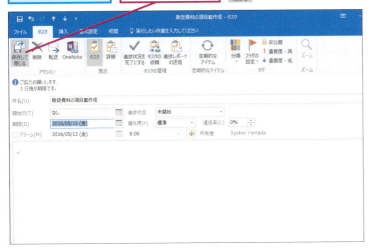

④ タスクの内容を変更できた

タスクの期限が設定した日時に変更できた

期限が延長され、タスクが黒い文字で表示された

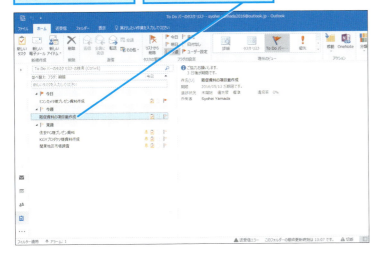

HINT! タスクの表示順を変更するには

To Doバーのタスクリストでタスクをドラッグすれば、表示順を自由に変更できます。通常は期限の設定に応じて、[今日]や[明日][今週][来週][日付なし]などとグループ分けされますが、同じ期限内で優先順位を付けたいときは、タスクをドラッグして順序を変更しておきましょう。

❶タスクにマウスポインターを合わせる

❷ここまでドラッグ

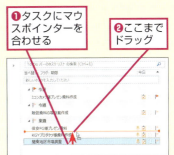

タスクが移動する

間違った場合は？

期限を変更しても赤い文字が黒い文字に戻らない場合は、過去の日付を設定した可能性があります。手順2の操作で未来の日付を設定してください。

Point
期限が過ぎたらタスクの内容や進め方を見直そう

期限を過ぎたタスクは、To Doバーのタスクリストで赤く表示されます。これまでに経験したことのない仕事や複数のタスクが重なっているようなときは、タスクが期限通りに終わらないこともあります。しかし、単純に期限を先に延ばし続けるのでは意味がありません。仕事や作業の進め方のほか、これまでやってきた方法を見直した上で、実現可能な期限を再設定した方がいいでしょう。特にほかの人から依頼された締め切りがある仕事の場合は、タスクを完了させるための時間をよく検討した上で相手と相談し、了承を得てから期限を再設定しましょう。

レッスン 48

一定の間隔で繰り返すタスクを登録するには

定期的なアイテム

毎週や毎月など、一定の間隔で繰り返すタスクは、定期的なタスクとして登録しましょう。タスクに完了の印を付けると、次のタスクが自動で作成されます。

1 定期的なタスクを作成する

ここでは、毎週金曜日に行う週報の提出を定期的なタスクとして登録する

[新しいタスク]をクリック

▶キーワード

To Doバー	p.243
アイテム	p.243
アラーム	p.244
タスク	p.246

HINT! タスクの繰り返しを解除するには

繰り返し行う定期的な用件やイベントが終了し、タスクを繰り返す必要がなくなったときは、以下の手順でタスクが自動的に作成されないように繰り返しの設定を解除しておきましょう。

タスクをダブルクリックして、[タスク]ウィンドウを表示しておく

❶[タスク]タブをクリック　❷[定期的なアイテム]をクリック

[定期的なタスクの設定]ダイアログボックスが表示された

❸[定期的な設定を解除]をクリック

[保存して閉じる]をクリックして[タスク]ウィンドウを閉じる

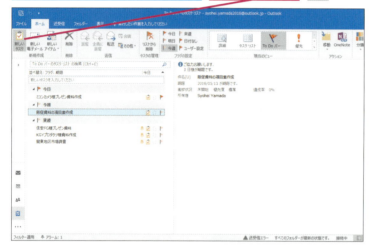

2 件名を入力する

[タスク]ウィンドウが表示された

❶件名を入力　❷[定期的なアイテム]をクリック

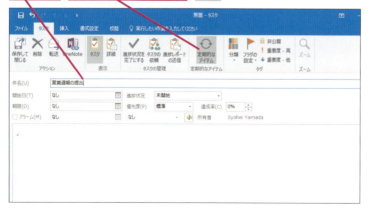

❸ 繰り返しのパターンを設定する

[定期的なタスクの設定]ダイアログボックスが表示された

ここでは、毎週金曜日に同じタスクが繰り返されるようにする

❶[週]をクリック
❷[間隔]が選択されていることを確認
❸「1」と入力されていることを確認
❹[金曜日]をクリックしてチェックマークを付ける
[金曜日]以外が選択されていないかを確認する
❺[OK]をクリック

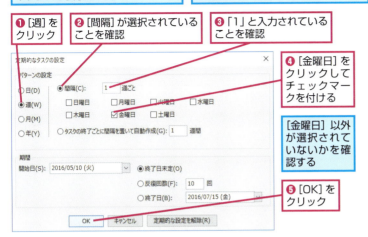

❹ アラームを設定して入力を完了する

タスクに繰り返しのパターンが設定された

一番近い期限が自動的に設定された

❶[アラーム]をクリックしてチェックマークを付ける
❷アラームの日付と時刻を選択
❸[保存して閉じる]をクリック

❺ 定期的なタスクが登録された

タスクが登録され、To Doバーのタスクリストに表示された

定期的なタスクには、繰り返しを示すアイコンが表示される

レッスン㊻を参考にタスクに完了の印を付けると、次のタスクが自動的に作成される

HINT! 定期的なタスクを1回だけキャンセルするには

繰り返しを設定したタスクの実行日が祝日だったときや急きょ予定が中止になったときなどは、期限を来週や来月などの次回に再設定しましょう。期限を再設定するタスクをダブルクリックして[タスク]ウィンドウを表示し、[タスク]タブの[この回をとばす]ボタンをクリックすれば、設定済みの間隔で期限が再設定されます。

❶[タスク]タブをクリック
❷[この回をとばす]をクリック

期限やアラームが次回に変更される

間違った場合は?

繰り返しの間隔を間違って登録してしまったときは、[定期的なタスクの設定]ダイアログボックスを表示して、繰り返しの間隔を変更します。

Point

タスクの完了後に同じタスクが作成される

仕事を進める上で、書類の提出や会議、打ち合わせといった定例のイベントが発生することがあります。しかし、毎週や毎月など決まった日時に行うタスクは、「特別なイベント」という感覚が薄れていってしまい、タスクそのものを忘れてしまうこともあるでしょう。このレッスンの方法で定期的なタスクを登録しておけば、タスクが完了するごとに、次のタスクが自動的に作成されるので、タスクを忘れてしまう確率を減らせます。ただし、タスクを完了させないと次のタスクは作成されません。タスクが終わったら、忘れずに完了の状態にしてください。

この章のまとめ

●やるべきことを知り、1つ1つを確実にこなしていこう

毎日の生活の中で、こなさなければならない作業は、自然に生まれるものや誰かから依頼されるものなど、多岐にわたります。山積みの仕事に忙殺されないようにするためにも、どのくらいの期間に何の作業をやらねばいけないのかを把握できるようにしたいものです。Outlookを使えば、こうした作業を見わたして自分を取り巻く状況がどのようになっているかを知ることができます。たくさんの作業を並行して進めていても、1つ1つのタスクを確実に完了させることで、その集合体としての仕事を進めることができるのです。

タスクの作成と管理
Outlookを利用すれば、期限までに終わらせなければいけない用件や備忘録を簡単に記録できる。期限前にアラームを設定して通知を確認できるほか、期限の再設定や繰り返しも簡単に設定できる

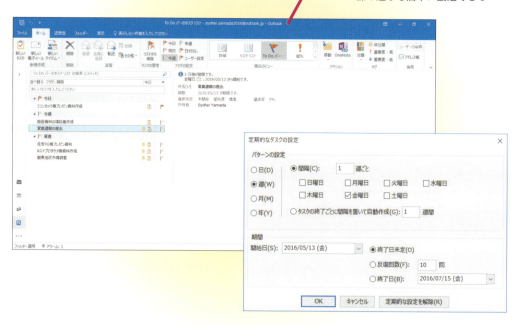

第6章 連絡先を管理する

住所録は、さまざまなコミュニケーションのために欠かせない個人情報として古くから使われてきました。Outlookを利用すれば、メールアドレスや電話番号、住所などの情報を柔軟に管理できます。情報の更新も簡単な上、さまざまな形式で表示できるのも便利です。この章では、Outlookの連絡先を利用する方法を紹介しましょう。

●この章の内容
- ㊾ 個人情報を管理しよう……………………………………158
- ㊿ 連絡先を登録するには……………………………………160
- 51 連絡先の内容を修正するには……………………………164
- 52 連絡先にメールを送るには………………………………166
- 53 連絡先を探しやすくするには……………………………168
- 54 ほかのアプリの連絡先を読み込むには…………………170

レッスン 49

個人情報を管理しよう

連絡先の役割

住所や電話番号、メールアドレスなど、何らかの方法で連絡を取る可能性のある対象は連絡先で管理します。ここでは、連絡先の役割や操作画面を紹介します。

相手の情報をすぐに登録できる

パソコンを使わずに連絡先を管理するのは大変です。そもそも手書きで住所や名前を書くのは大変な作業で、郵便番号や住所が変わるたびに情報を書き換えるのはあまり現実的ではありません。Outlookの場合は、相手から届いたメールを表示して、追加の操作をするだけで相手のメールアドレスを連絡先に登録できます。この章では、新しい連絡先を登録する方法から解説しますが、メールでやりとりした人のメールアドレスを登録しておくだけでも立派な連絡先が完成します。住所や電話番号などの情報は、メールの署名からコピーするなどして、必要に応じて後から追加すればいいでしょう。また、Outlookの連絡先は、個人情報を扱う多くのアプリケーションでサポートされているので、連絡先データの読み込みや書き出しを行うことで、データを相互に利用しやすくなっています。

▶キーワード

Microsoftアカウント	p.243
閲覧ウィンドウ	p.244
ビュー	p.246
メールアドレス	p.247
リボン	p.247
連絡先	p.247

手書きの場合、書き間違いが増え、情報の更新が面倒

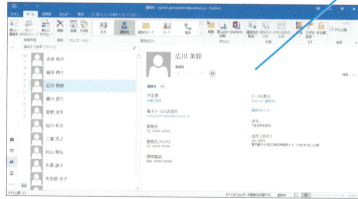

会社や自宅など、複数の住所や電話番号を登録できる

連絡先にメールアドレスを登録しておけば、連絡先の画面やメッセージのウィンドウから送付先を指定してメールを作成できる

メールの差出人を連絡先に登録するには

メールの差出人やメールアドレスを連絡先に登録するには、レッスン㊽の方法で、操作します。相手の名前を修正したり、フリガナを入力したりする手間はありますが、複雑なメールアドレスでもすぐに登録できて便利です。登録した連絡先の情報を更新する方法については、レッスン㊿も併せて参照してください。

連絡先の情報を確認する画面

ナビゲーションバーの［連絡先］ボタンをクリックすると、ビューに連絡先の一覧が表示されます。標準の設定では、ビューは［連絡先］の表示形式で表示されますが、［現在のビュー］グループの［名刺］や［連絡先カード］［カード］［電話］などをクリックして、表示形式を変更できます。ビューが［連絡先］に設定されているときは、右側の閲覧ウィンドウに、ビューで選択した連絡先の詳細情報が表示されますが、［電子メールの送信先］が表示されていれば、メールアドレスをクリックして、すぐにメールを作成できます。

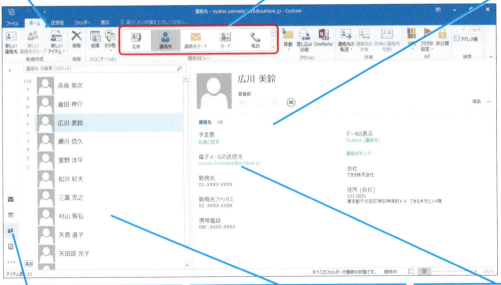

◆リボン
連絡先に関するさまざまな機能のボタンがタブごとに整理されている

◆［現在のビュー］グループ
連絡先の表示形式を一覧から切り替えられる

◆閲覧ウィンドウ
表示形式が［連絡先］の場合、ビューで選択した連絡先の詳細情報が表示される

◆連絡先
［連絡先］をクリックすると、連絡先の一覧がビューに表示される

◆ビュー
連絡先が一覧で表示される。［名刺］［カード］［一覧］などの表示形式に切り替えられる

メールアドレスが表示されていれば、クリックしてすぐにメールを作成できる

レッスン 50

連絡先を登録するには

新しい連絡先

このレッスンでは、連絡先を登録する方法を解説します。名前やメールアドレスのほか、勤務先や電話番号なども可能な範囲で登録しておくといいでしょう。

1 連絡先の一覧を表示する

［連絡先］の画面を表示する

［連絡先］をクリック

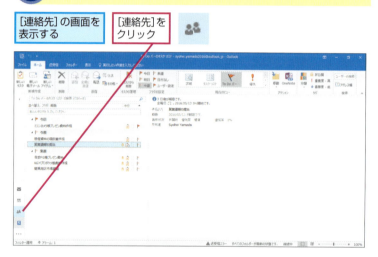

▶キーワード

アイテム	p.243
フィールド	p.247
メールアドレス	p.247
連絡先	p.247

ショートカットキー

[Ctrl] + [Shift] + [C]
……………… 新しい連絡先の作成

HINT! フリガナを変更するには

［連絡先］ウィンドウの［姓］や［名］［勤務先］のフィールドに情報を入力すると、自動でフリガナが入力されます。一度で入力できない人名を、別の読みで入力したときなどは、手順3で［フリガナ］ボタンをクリックし、［フリガナの編集］ダイアログボックスでフリガナを修正しましょう。

❶［フリガナ］をクリック

［フリガナの編集］ダイアログボックスが表示された

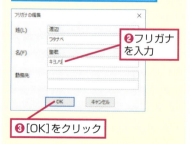

❷ フリガナを入力

❸［OK］をクリック

2 連絡先を作成する

連絡先の一覧が表示された

［新しい連絡先］をクリック

❸ 氏名を入力する

[連絡先] ウィンドウが表示された

❶ 名字を入力

[Tab] キーを押すとカーソルが次のフィールドに移動する

❷ 名前を入力

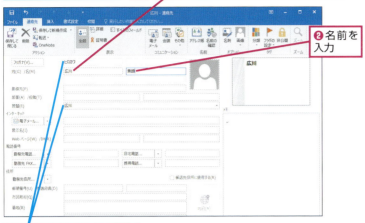

フリガナと表題が自動的に入力される

❹ 会社名を入力する

❶ 会社名を入力

❷ 部署名を入力

役職名を入力するときは、このフィールドに情報を入力する

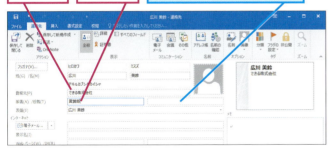

❺ メールアドレスを入力する

メールアドレスを半角英数字で入力する

❶ メールアドレスを入力

❷ [Tab] キーを押す

[表示名] に氏名とメールアドレスが入力された

 表題を変更するには

表題は、連絡先を表示するときに見出しとして利用されます。標準では、[姓]と[名]のフィールドに入力した情報が表示されますが、勤務先なども併記できます。表題を変更するときは、ドロップダウンリストから任意の内容を選択するといいでしょう。

[表題] のここをクリックすると、表示内容を選択できる

 表示名を変更するには

[表示名] は、相手にメールが届いたときに、宛先として表示されるものです。「様」などの敬称が必要な場合は、[表示名] に入力しておきます。

敬称が必要な場合は、[表示名] に直接入力する

⚠️ **間違った場合は?**

手順5で間違ったメールアドレスを入力してしまったときは、正しいメールアドレスを入力し直してください。表示名のメールアドレスは、自動で修正内容が反映されます。

次のページに続く

6 電話番号を入力する

電話番号やFAX番号を入力する

❶会社の電話番号を入力
❷会社のFAX番号を入力

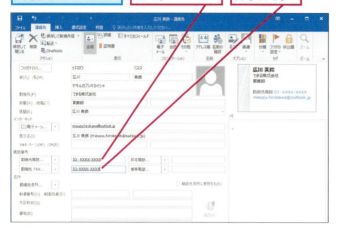

7 住所を入力する

❶郵便番号を入力
❷都道府県を入力

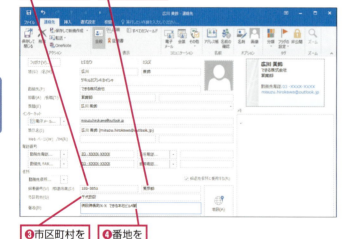

❸市区町村を入力
❹番地を入力

HINT! 同じ会社に所属する別の人を登録するには

連絡先の入力中に、同じ会社に所属している別の人も登録するには、以下の手順を実行しましょう。同じ勤務先が入力された［連絡先］ウィンドウが新しく表示されるので、名前や部署名などを入力して保存を実行します。なお、連絡先の保存後に操作するときは、手順9の画面で［ホーム］タブの［新しいアイテム］ボタンをクリックし、［同じ勤務先の連絡先］を選択します。

❶［連絡先］タブをクリック

❷［保存して新規作成］のここをクリック

❸［同じ勤務先の新しい連絡先］をクリック

勤務先が入力された［連絡先］ウィンドウが表示される

HINT! 連絡先に写真を登録するには

手順7で［連絡先の写真の追加］をクリックすると、［連絡先の写真の追加］ダイアログボックスに［ピクチャ］フォルダーが表示されます。スマートフォンやデジタルカメラなどで撮影した写真を選択すれば、写真が連絡先に表示されるようになります。ただし、操作中に写真の一部を選択したり、写真の一部を拡大したりすることはできません。顔写真などを挿入するときは、あらかじめ画像編集ソフトなどで必要な部分のみを切り出してから、別ファイルに保存しておきましょう。

［連絡先の写真の追加］をクリックして、顔写真を登録できる

⑧ 入力した内容を保存する

連絡先の入力を完了する	[保存して閉じる]をクリック

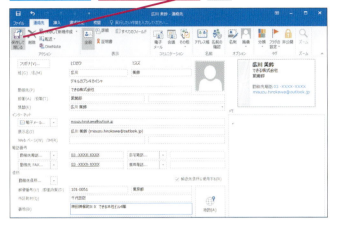

⑨ 連絡先が登録された

登録した連絡先がビューに表示された	連絡先をクリック	[編集]をクリックすると、簡易編集画面で内容の修正や編集ができる

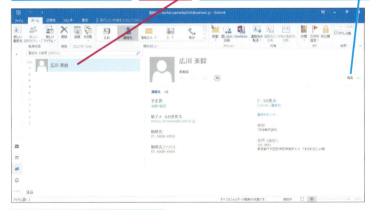

同様の手順で、複数の連絡先を登録しておく

連絡先を削除するには

手順9の画面で連絡先を選択し、[ホーム]タブの[削除]ボタンをクリックすると、連絡先が削除されます。なお、削除を実行するかどうかを確認するダイアログボックスなどは表示されません。本当に削除していいのか、よく確認してから操作しましょう。

連絡先を選択しておく

❶[ホーム]タブをクリック	❷[削除]をクリック

連絡先が削除される

間違った場合は？

手順9で、連絡先の内容が間違っていることに気が付いた場合は、閲覧ウィンドウ右上の[編集]をクリックして内容を修正します。詳しくは、レッスン㊶を参照してください。

Point

こまめに情報を登録しよう

手書きに比べればまだマシですが、連絡先の入力は面倒なものです。しかし、名刺交換をしたその日に名前やメールアドレスを入力してしまう方が後からまとめてやるよりもはるかに効率的です。もちろんすべての情報を登録する必要はありません。とりあえず名前とメールアドレス、電話を登録しておいて、後から情報を追加してもいいのです。なお、Outlookでは、ほかのアプリケーションで作成した住所録を取り込むことも可能です。宛名書きソフトで作成した住所録があるという人は、レッスン㊾を参照してください。

レッスン 51

連絡先の内容を修正するには

連絡先の編集

引っ越しや転勤、異動などに伴い、連絡先に変更があったときは、連絡先の情報を早めに更新しておきましょう。簡易編集画面では、別の情報も追加できます。

1 内容を変更する連絡先を開く

ここでは、連絡先に携帯電話の番号を追加で登録する

変更する連絡先をダブルクリック

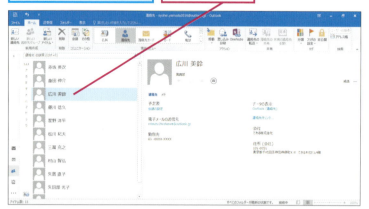

2 フィールドを追加する

簡易編集画面が表示された

携帯電話の番号を入力できるようにする

❶ [電話番号] のここをクリック

❷ [携帯電話] をクリック

▶ キーワード

閲覧ウィンドウ	p.244
フィールド	p.247
メールアドレス	p.247
連絡先	p.247

ショートカットキー

Alt + S …………… 保存して閉じる
Ctrl + O …………… 開く

HINT! 簡易編集画面にない情報を追加するには

簡易編集画面に表示されない項目を追加するときは、[キャンセル] ボタンをクリックして簡易編集画面を閉じます。閲覧ウィンドウの [データの表示] にある [Outlook (連絡先)] をクリックすると、[連絡先] ウィンドウが表示されます。レッスン㊿と同様の操作で、情報を追加しましょう。

手順1の画面で [Outlook (連絡先)] をクリック

[連絡先] ウィンドウが表示される

HINT! 別の住所やメールアドレスも追加できる

勤務先の住所に加えて、自宅の住所などの情報も追加できます。手順2と同様にフィールドを追加すれば、別の住所やメールアドレスを登録できます。

❸ 携帯電話の番号を入力する

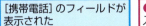

[携帯電話]のフィールドが表示された

❶携帯電話の番号を入力

❷[保存]をクリック

❹ 連絡先の内容を変更できた

携帯電話の番号を追加で登録できた

[閉じる]をクリック

入力済みの情報を削除するには

入力済みの情報を削除するときは、フィールド内の文字列をドラッグして選択し、Deleteキーか Back spaceキーを使って削除します。フィールドが空の状態になったら、[保存]ボタンをクリックしてください。

間違った場合は?

手順2で別の項目を間違って追加してしまったときは、空欄のままにして目的のフィールドを追加し直します。フィールドを空欄のままにしておけば、情報が追加されません。

メモを残すには

簡易編集画面で[メモ]をクリックすれば、連絡先に関するちょっとしたメモを残せます。打ち合わせなどで相手に会っていれば、相手の印象や性格などをメモに残しておくと、人となりを忘れにくくなります。相手の勤務先や部署が変わったときに、古い情報をメモに残しておいてもいいでしょう。

Point

常に最新の情報に更新しよう

連絡先の情報は、常にメンテナンスして最新の状態にしておくことが重要です。取引先などから異動や転勤、転職の連絡を受け取ったら、すぐにその内容を反映しておきましょう。メールアドレス変更のお知らせがメールで届くこともありますが、メールをもらったときに連絡先を更新すれば、後からメールを検索して正しいメールアドレスを確認する手間を省けます。また、携帯電話や自宅住所の情報を入手した場合も忘れずに追加しましょう。

レッスン 52

連絡先にメールを送るには
電子メールの送信先、名前の選択

メールを出すときには宛先の入力が必要です。連絡先にメールアドレスが登録されていれば、宛先の入力が省け、すぐに連絡先宛のメールを作成できます。

連絡先の一覧で宛先を選択する

1 メールの宛先を選択する

メールを送信する連絡先を選択する

❶連絡先をクリック
❷メールアドレスをクリック

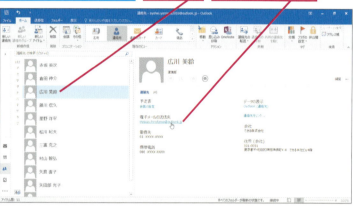

2 メールを送信する

メッセージのウィンドウが表示された
選択した連絡先が[宛先]に入力された

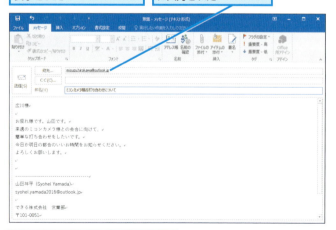

レッスン⓬を参考に、件名や本文を入力してメールを送信する

▶キーワード

BCC	p.242
CC	p.242
ナビゲーションバー	p.246
ビュー	p.246
メール	p.247
メールアドレス	p.247
連絡先	p.247

HINT! 連絡先をドラッグしてメールを作成できる

手順1の画面で、連絡先をナビゲーションバーの[メール]ボタンにドラッグしてもメールを作成できます。ビューの表示が[名刺]や[連絡先カード]になっていても同様にメールの作成ができます。ただし、連絡先に複数のメールアドレスが登録されている場合は、メッセージのウィンドウの[宛先]にすべてのメールアドレスが入力されます。特定のメールアドレスにメールを送るときは、[宛先]から不要なメールアドレスを削除してください。

❶連絡先にマウスポインターを合わせる

❷[メール]にドラッグ

選択した連絡先を宛先として、メールが作成される

メッセージのウィンドウで宛先を入力して選択する

1 メールに宛先を入力する

レッスン⑫を参考に、メールを作成しておく

[宛先]をクリック

2 宛先を選択する

[名前の選択] ダイアログボックスが表示された

メールを送信する連絡先を選択する

❶ メールアドレスをクリック
❷ [宛先]をクリック
メールアドレスが挿入された
❸ [OK]をクリック

3 メールを送信する

選択したメールアドレスが宛先として入力された

レッスン⑫を参考に、件名や本文を入力してメールを送信する

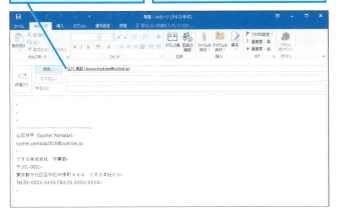

複数の宛先も入力できる

[名前の選択] ダイアログボックスでは、複数の宛先も選択できます。手順2でメールアドレスをダブルクリックし、別のメールアドレスを続けてダブルクリックすると、複数のメールアドレスをすぐに入力できて便利です。このとき、「;」の記号が自動で入力されるので、手で入力する必要はありません。ただし、[宛先]と[CC][BCC]に正しく宛先が入力されているか、よく確認してください。急いで操作すると、意図せずに複数のメールアドレスがすべて[宛先]に入力されたままメールを送ってしまうこともあるので、注意しましょう。

間違った場合は?

手順2でメールアドレスが登録されていない連絡先を[宛先]に追加してしまったときは、宛先の人名に「(勤務先FAX)」などの表題が表示されます。その場合は[宛先]に入力された表題をドラッグして選択し、Deleteキーを押して削除しましょう。

Point

メールの宛先をすぐに指定できる

連絡先にメールアドレスを登録しておけば、簡単に宛先を指定したメールを作成できます。すぐにメールで連絡が取れるようにするために、連絡先にはメールアドレスを必ず登録しておきましょう。ただし、連絡先に複数のメールアドレスを登録しているときは、送信先のメールアドレスを間違えないようにしてください。相手があまり利用していないメールアドレスにメールを送ると、相手がメールに気付かないことがあります。また、「仕事と関係がないプライベートな内容のメールを勤務先のメールアドレスに送る」といったことがないように注意しましょう。

電子メールの送信先、名前の選択

レッスン 53

連絡先を探しやすくするには

現在のビュー

用途や目的に応じて、連絡先の表示を変更してみましょう。ビューを切り替えれば、名刺のようなレイアウトや一覧表の形式で連絡先を表示できます。

1 連絡先のビューを変更する

連絡先を[名刺]のビューで表示する

[名刺]をクリック

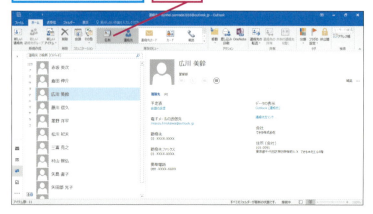

▶キーワード

ナビゲーションバー	p.246
ビュー	p.246
連絡先	p.247

HINT! ビューが違っても複数の宛先を指定できる

このレッスンでは[名刺]と[一覧]のビューに切り替えますが、どのビューで表示していても複数の連絡先をメールの宛先に指定できます。複数の連絡先を宛先に指定するときは、Ctrlキーを押しながら連絡先を選択し、ナビゲーションバーの[メール]ボタンにドラッグします。ただし166ページのHINT!で紹介したように、1つの連絡先にメールアドレスが複数登録されているときは、[宛先]にすべてのメールアドレスが入力されます。

2 連絡先のビューが変更された

連絡先の一覧が名刺のレイアウトで表示された

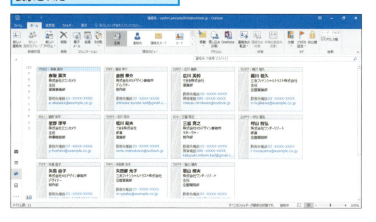

❶Ctrlキーを押しながらクリック　❷[メール]にドラッグ

選択した複数の連絡先のメールアドレスが[メッセージ]ウィンドウの[宛先]に入力される

 間違った場合は？

手順1で間違ったビューをクリックしたときは、[名刺]をクリックし直してください。

③ 連絡先を［一覧］のビューで表示する

［現在のビュー］にある項目をすべて表示する

❶［その他］をクリック

［現在のビュー］にある項目が表示された

❷［一覧］をクリック

④ 連絡先が［一覧］のビューで表示された

標準の設定では、勤務先別にグループ化されて表示される

項目名をクリックすると並べ替えられる

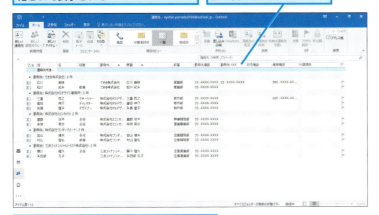

手順3を参考に［連絡先］をクリックすると元のビューが表示される

グループごとに折り畳むには

連絡先を［一覧］のビューで表示すると、連絡先が勤務先別にグループ化されて表示されます。グループが多い場合は、［勤務先］の左に表示されている▲をクリックしてグループを折り畳むといいでしょう。▶をクリックすると、グループが展開されます。なお、以下の手順で操作すると、すべてのグループが折り畳まれ、勤務先だけが表示されます。

❶グループ名を右クリック

❷［すべてのグループの折りたたみ］をクリック

すべてのグループが折り畳まれた

Point

ビューを切り替えて連絡先を確認しよう

連絡先の数が増えると、一覧で参照しにくくなります。検索して連絡先を表示することもできますが、同じ勤務先に所属している別の人も同時に表示したいときに不便です。その場合は、連絡先のビューを変更するといいでしょう。ビューを［一覧］に変更すれば、勤務先がグループ化されて表示されるので、取引先の複数の人に連絡を取りたいときでもすぐに一覧で確認できます。さまざまな角度から情報を探せるようにするために、ビューを上手に活用してください。

53 現在のビュー

できる 169

レッスン 54

ほかのアプリの連絡先を読み込むには

インポート/エクスポートウィザード

年賀状ソフトなどで住所録を管理している場合は、既存のデータをOutlookの連絡先として取り込むことができます。ここではvCard形式を使った方法を紹介します。

1 [アカウント情報]の画面を表示する

ほかのアプリで作成した連絡先をOutlookの[連絡先]に読み込む

ほかのアプリで連絡先をvCard形式のファイルにエクスポートしておく

[連絡先]の画面を表示しておく

[ファイル]タブをクリック

▶キーワード

CSV形式	p.242
Gmail	p.242
Googleアカウント	p.242
USBメモリー	p.243
vCard	p.243
アイテム	p.243
インポート	p.244
エクスポート	p.244
連絡先	p.247

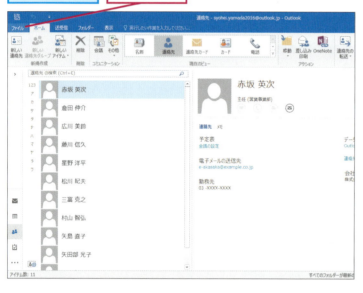

HINT! ほかのアプリの連絡先をインポートするには

年賀状作成ソフトなどには、住所録データをほかのアプリが取り込める形式でエクスポート（書き出し）する機能が搭載されています。エクスポートできるファイル形式は年賀状作成ソフトによって異なりますが、エクスポートしたデータをOutlookでインポート（取り込み）すれば、Outlookでも利用できるようになります。

2 [開く]の画面を表示する

[アカウント情報]の画面が表示された

[開く/エクスポート]をクリック

HINT! アプリによってはインポートの操作が不要なこともある

年賀状作成ソフトによっては、住所録データを直接Outlookの連絡先に書き出せる場合もあります。その場合、年賀状作成ソフトでエクスポートの操作を実行するだけでOutlookにデータが取り込まれます。詳しくは、年賀状作成ソフトの取扱説明書や開発元のWebページを確認してください。

③ [インポート/エクスポートウィザード] の画面を表示する

[開く] の画面が表示された

[インポート/エクスポート] をクリック

④ インポートするファイルの種類を選択する

[インポート/エクスポートウィザード] が起動した

ここではvCard形式のファイルを選択する

❶ [vCardファイルのインポート] をクリック

❷ [次へ] をクリック

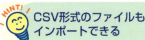

CSV形式のファイルもインポートできる

このレッスンでは、vCard形式のファイルをインポートします。Outlookは、vCard形式のファイル1つにつき、1つの連絡先として扱うため、大量の連絡先を取り込みたい場合は不便なこともあります。その場合は、CSV形式（コンマ区切りテキスト）でエクスポートとインポートを試してみましょう。CSV形式は、1つのファイルに複数の連絡先情報を保存できます。CSV形式をインポートする場合は、手順4の画面で [他のプログラムまたはファイルからのインポート] を選択して [次へ] ボタンをクリックします。[ファイルのインポート] の画面で [テキストファイル] を選択して [次へ] ボタンをクリックし、CSV形式のファイルを読み込みましょう。ただし、Outlookに取り込む際に、住所や電話番号などの項目がOutlookの連絡先のどの項目に相当するかを設定する必要があります。また、アプリによっては一部のデータが文字化けする場合もあるので注意してください。

Outlookのアイテムをエクスポートすることもできる

ここではほかのアプリから書き出したデータをOutlookに取り込んでいますが、Outlookのアイテムを書き出すこともできます。また、Outlookのデータ全体を1つのファイルにして書き出せば、Outlookデータのバックアップとして使えます。詳しくは付録1を参照してください。

間違った場合は？

手順4でほかの項目をクリックしてしまった場合は、次の画面で [戻る] ボタンをクリックして元の画面を表示し、[vCardファイルのインポート] をクリックし直します。

次のページに続く

❺ インポートする連絡先のファイルを選択する

[vCardファイル] ダイアログボックスが表示された

ここではUSBメモリーに保存されたvCardのファイルをインポートする

❶ [USBドライブ] をクリック

❷ インポートするvCardのファイルをクリック

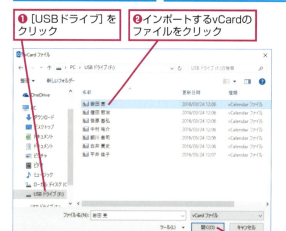

❸ [開く] をクリック

❻ 連絡先のファイルがインポートされた

Outlookの連絡先が表示された

インポートされた連絡先をクリック

連絡先が正しく取り込まれたか確認する

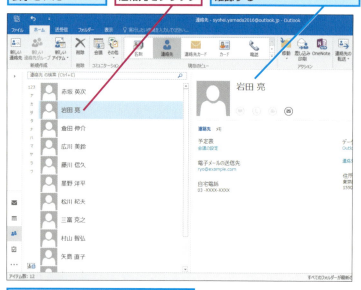

必要に応じてほかのvCardのファイルもインポートしておく

インポートされた連絡先を確認しておこう

連絡先を取り込んだら、Outlookの連絡先として正しくインポートされているかどうか、その場で確認しておきましょう。場合によって、データの一部が文字化けしていることがあるほか、一部の情報が正しいフィールドに読み込まれていない場合があります。取り込んだときに訂正しておけば、利用時に慌てることがありません。

Gmailの連絡先をインポートしたいときは

Gmailの連絡先は、さまざまな方法でエクスポートできます。Gmailでは、[Outlook用CSV形式] というファイル形式でデータを保存できるので、比較的容易にOutlookに取り込むことができます。また、Windows 10/8.1の[メール] アプリにGoogleアカウントを追加すれば、連絡先データが[People] アプリ経由で統合されます。Outlookで [メール] アプリと同じMicrosoftアカウントを使用している場合は、Outlookからその連絡先を参照することも可能です。

Point

すでにある連絡先を有効活用しよう

年賀状作成ソフトや過去に使ってきたメールアプリ、また、携帯電話に蓄積された電話帳情報など、既存のデータがあちこちに散在している場合には、それらをOutlookにインポートし、Outlookの連絡先として統合してしまいましょう。このレッスンで紹介したvCard形式は連絡先データを共有する標準的な形式の1つですが、アプリによってさまざまな形式でのエクスポートが可能となっています。自分が愛用しているアプリがどの形式に対応しているのかを確認してみましょう。

テクニック Outlookの連絡先をメールに添付して送信できる

Outlookの連絡先は、そのままメールに添付して送信できます。ただし、受け取った相手のパソコンにvCard形式のファイルを扱えるアプリがないと、データを開いてもらえません。相手がOutlookでメールを受信したときは、添付されたvCard形式のファイルをダブルクリックして、すぐに連絡先を保存できます。

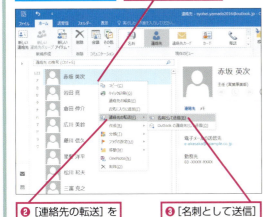

Outlookの連絡先を表示しておく
❶ メールに添付する連絡先を右クリック
❷ [連絡先の転送] をクリック
❸ [名刺として送信] をクリック

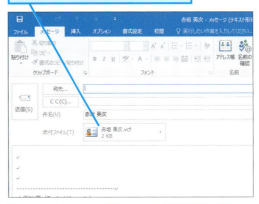

連絡先がvCardのファイルとして添付されたメールが新規作成された

vCard形式のファイルを開けるアプリを相手が持っていれば、連絡先をインポートできる

テクニック vCardファイルをダブルクリックしてインポートできる

vCardファイルは、単独のファイルとしてOutlookで開くこともできます。エクスプローラーでファイルを表示し、そのファイルをダブルクリックすればOutlookが起動します。ファイルを開く方法を確認された場合は、Outlook 2016を選びます。内容を確認し、[保存して閉じる] ボタンをクリックすることで、Outlookの連絡先として取り込まれます。

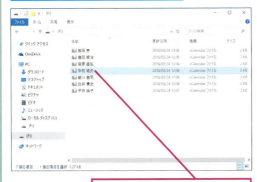

vCardのファイルがあるフォルダーを表示しておく

インポートするvCardのファイルをダブルクリック

[連絡先] ウィンドウが表示された

[保存して閉じる] をクリックすると連絡先を登録できる

この章のまとめ

●個人に関するあらゆる情報を登録できる

コミュニケーションの形態が多様化している現代社会では、特定の相手と連絡を取るために、電話やメール、SMS、インスタントメッセージなど、さまざまな手段が利用されます。Outlookでは、多様な連絡手段を想定し、人に関するあらゆる情報を連絡先に登録できるようになっています。そして、誰かと取りたいコンタクトの内容や目的に応じて、必要な情報をスピーディーに取り出せます。常に適切なコミュニケーションが取れるようにするために、この章で紹介した方法を活用して、連絡先を充実させていきましょう。

連絡先の作成と管理

Outlookの連絡先を利用すれば、自分とつながりがある人の個人情報をすぐに参照できるようになる。常に連絡先の情報を更新して、最新の状態にしておこう

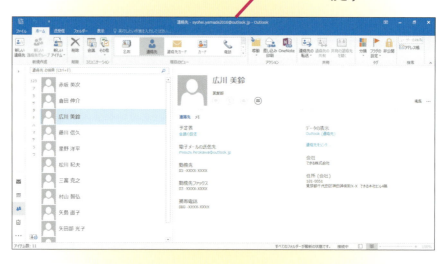

第7章 情報を相互に活用する

仕事や日々の生活の中でさまざまな人との接点が広がると、それだけ多くの個人情報が集まります。Outlookの各アイテムを、メールや予定表などのフォルダー間や、ほかのアプリと連携させて個人情報をさらに活用できるようにしてみましょう。この章では、Outlookやそのほかのアプリで情報を相互にやりとりする方法を紹介します。

●この章の内容

- ㊺ Outlookの情報を相互に活用しよう ……………………………… 176
- ㊻ メールで受けた依頼をタスクに追加するには ………… 178
- ㊼ メールの内容を予定に組み込むには ……………………… 180
- ㊽ メールの差出人を連絡先に登録するには ……………… 182
- ㊾ 予定の下準備をタスクに追加するには ………………… 184
- ㊿ 会議への出席を依頼するには ……………………………… 186
- ○61 会議の議事録を取るには ……………………………………… 190
- ○62 OneNoteからOutlookのタスクを登録するには ………… 194

レッスン 55

Outlookの情報を相互に活用しよう

アイテムの活用

Outlookのメール、予定表、タスクといったアイテムは、連携させてこそ、同じアプリで管理するメリットが得られます。ここでは、その概要を紹介しましょう。

メール、予定表、タスクの情報を連携する

パソコンやスマートフォンの普及によって、次回の商談日時や打ち合わせの依頼などをメールでやりとりする機会が多くなってきました。こうしたメールを、単なる連絡事項として完結させるのではなく、ほかのアイテムとして登録し、情報の連携を実現できるのがOutlookの魅力です。どんなアイテムでも、ほかのフォルダーにドラッグするだけで、新しいアイテムをすぐに作成できます。会議などの予定を相手にメールで送れば、相手と予定を共有でき、相手が会議に出席するか、出席確認も可能です。

▶キーワード	
OneNote	p.243
アイテム	p.243
クラウド	p.245
タスク	p.246
フォルダー	p.247
メール	p.247
連絡先	p.247
予定表	p.247

メールを[タスク]や[予定表]にドラッグして、新しいタスクや予定をすぐに作成できる

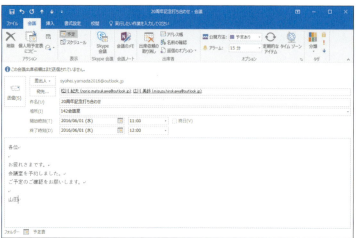

◆会議出席依頼
自分が作成した予定をほかの人にメールで知らせることができる

相手が承諾すれば、相手の予定表に予定が追加される

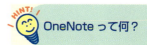

OneNoteって何？

OneNoteは、Microsoft Officeに含まれるメモアプリです。Microsoft Office Personal 2016以外のすべてのエディションに含まれています。iOS版やAndroid版、Mac版なども無償提供されており、クラウドを介してさまざまな環境で同じノートブックを共有できます。なおWindowsでは、Windowsアプリも提供されていますが、本書では、Officeに含まれるOneNote 2016での操作を紹介します。

OutlookとOneNoteを連携する

OneNoteにはOutlookと高度な連携ができる機能が提供されています。Outlookで予定やタスクの本文にメモを書くこともできますが、OneNoteと連携させることで、音声やビデオでメモを残せます。また、OneNoteのメモとOutlookのアイテムがリンクされるので、OneNoteを利用できるさまざまな機器で情報の確認や更新ができるようになります。

Outlookで作成した予定からボタン1つでOneNoteのメモを作成できる

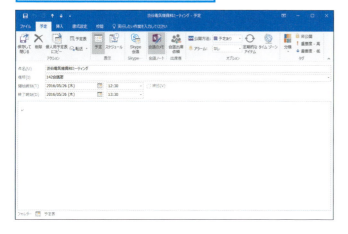

OneNoteで予定に情報を追記できるほか、OneNoteからタスクを作成できる

レッスン 56

メールで受けた依頼をタスクに追加するには
メールをタスクに変換

メールの内容が何らかの依頼である場合は、タスクを作成して、やるべきことを忘れないようにします。メールをタスクにするとメールの本文が引用されます。

▶キーワード

アラーム	p.244
受信トレイ	p.245
タスク	p.246
ナビゲーションバー	p.246
フラグ	p.247
メール	p.247

1 メールからタスクを作成する

[受信トレイ] を表示しておく

受信したメールからタスクを作成する

❶メールにマウスポインターを合わせる

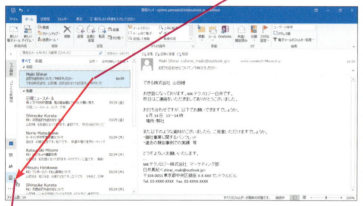

❷[タスク]にドラッグ

HINT! フラグとタスクを使い分けよう

急いで対応しなくてもいいメールや後で返信をするといったメールにはフラグを付けておきましょう。フラグを付けたメールは、To Doバーのタスクリストにアイテムとして表示されます。メールにフラグを付ける方法は、92ページのHINT!を参照してください。

間違った場合は?

手順1で [タスク] 以外にドラッグしてしまった場合は、表示されるウィンドウをいったん閉じ、もう一度やり直します。閉じる際に、「変更を保存しますか?」というメッセージが表示されますが、そこでは [いいえ] ボタンをクリックします。

2 タスクを編集する

[タスク] ウィンドウが表示された

メールの差出人や送信日時、メールの本文が自動で引用される

❶件名を修正　❷ここをクリックして期限を選択

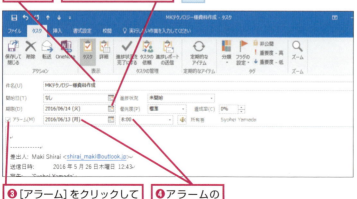

❸[アラーム]をクリックしてチェックマークを付ける　❹アラームの日時を選択

❸ 入力したタスクを保存する

タスクの入力を完了する　　［保存して閉じる］をクリック

❹ タスクリストを確認する

受信したメールはそのまま残る　　To Doバーのタスクリストを表示して、作成したタスクを確認する

［タスク］をクリック

❺ 登録したタスクが表示された

To Doバーのタスクリストが表示された　　メールから作成したタスクが表示された

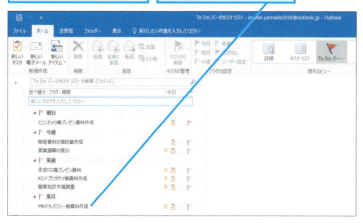

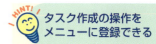

HINT! タスク作成の操作をメニューに登録できる

クイック操作を利用すれば、クリック1つでメールからタスクを作成できます。手順1の画面で［ホーム］タブの［クイック操作］にある［新規作成］をクリックしましょう。［クイック操作の編集］ダイアログボックスにある［アクションの選択］の ▼ をクリックして［メッセージテキストを追加したタスクを作成］を選び［完了］ボタンをクリックすると、［クイック操作］の一覧に［メッセージテキストを追加したタスクを作成］の項目が表示されます。次回からはメールを選択して、リボンやショートカットメニューの［クイック操作］からすぐにタスク作成の操作を実行できます。

Point メールの用件に期限を設定できる

メールで何らかの依頼を受けることは珍しくありません。メールの内容をタスクとして登録することで、頼まれていた用件を忘れてしまうといったアクシデントを防げます。［受信トレイ］フォルダー内のメールは、それを［タスク］ボタンにドラッグするだけで、タスクに変換できます。ナビゲーションバーの［予定表］ボタンや［連絡先］ボタンにメールをドラッグしても別の種類のアイテムに変換できます。

56 メールをタスクに変換

できる | 179

レッスン 57

メールの内容を予定に組み込むには

メールを予定に変換

レッスン56と同様の操作で、メールから予定を作成できます。ここでは、メールに書かれている情報をそのまま記録して、予定を登録する方法を紹介します。

 このレッスンは動画で見られます　操作を動画でチェック！
※詳しくは2ページへ

▶キーワード

色分類項目	p.244
受信トレイ	p.245
フォルダー	p.247
メール	p.247
予定表	p.247

1 メールから予定を作成する

[受信トレイ]を表示しておく

受信したメールから予定を作成する

❶メールにマウスポインターを合わせる

❷[予定表]にドラッグ

💡HINT! メールの本文は残しておこう

相手から届いたメールの内容は、そのまま予定の本文として残ります。メールには、会合の場所や、参加者に関する情報、交通手段などについて、詳しく書かれていることが多いはずです。予定からその情報を参照できるように、メールの本文はそのまま残しておきましょう。

⚠ 間違った場合は？

日時の設定を間違えた場合は、作成された予定をダブルクリックして[予定]ウィンドウを表示し、日時を設定し直します。

2 予定を編集する

[予定]ウィンドウが表示された

メールの差出人や送信日時、メールの本文が自動で引用される

❶件名を修正　❷場所を入力　❸開始日時を設定　❹終了日時を設定

❸ 入力した予定を保存する

予定の入力を完了する　　[保存して閉じる]をクリック

❹ 予定表を確認する

受信したメールはそのまま残る

[予定表]の画面を表示して、作成した予定を確認する　　[予定表]をクリック

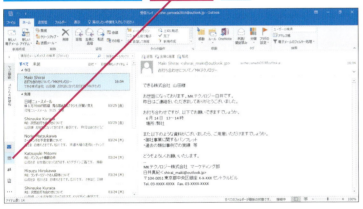

❺ 登録した予定が表示された

[予定表]の画面が表示された　　メールから作成した予定が表示された

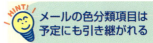

メールの色分類項目は予定にも引き継がれる

色分類項目を設定したメールを予定に変換すると、すでに設定済みの色分類項目がそのまま引き継がれ、予定表内で指定された色で表示されます。

メールに設定していた色分類項目が予定にも反映される

必要に応じて、別の色分類項目に変更できる

Point
イベントの情報をそのまま予定に残せる

発表会やパーティーへの招待、打ち上げ、歓迎会など、メールで告知されるそういった情報には日時や開催場所、開催時間が明記されていることでしょう。Outlookを利用すれば、このような情報をすべて予定表にコピーする必要がありません。このレッスンの方法でメールを予定に変換すれば、メールの本文に書かれている会場の住所やタイムテーブルなどがそのまま予定に引用され、後からすぐに参照できます。ただし、[予定]ウィンドウの[場所]や[開始時刻]に情報が自動で入力されるわけではありません。引用されたメールから必要な情報をコピーして予定を登録しましょう。

レッスン 58

メールの差出人を連絡先に登録するには

メールを連絡先に変換

受け取ったメールの差出人を連絡先に登録してみましょう。長くて複雑なメールアドレスをいちいち手で入力する必要がないので、素早く正確に登録できます。

1 メールの情報を連絡先に登録する

[受信トレイ]を表示しておく

❶メールにマウスポインターを合わせる

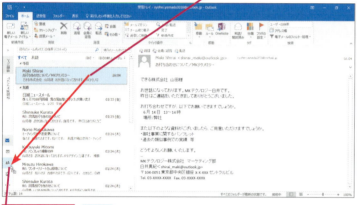

❷[連絡先]にドラッグ

2 メールの署名を表示する

[連絡先]ウィンドウが表示された

メールの差出人のメールアドレスと名前が自動的に入力された

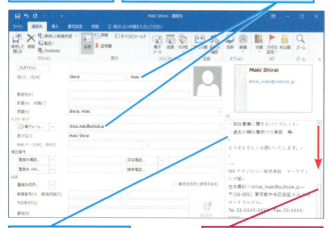

[メモ]にメールの本文が自動で引用される

ここを下にドラッグしてスクロール

▶キーワード

アイテム	p.243
フィールド	p.247
メールアドレス	p.247
連絡先	p.247

ショートカットキー

Ctrl + C ………… コピー
Ctrl + V ………… 貼り付け

HINT! 表示名とフリガナを確認しよう

メールのドラッグで連絡先を作成すると、[姓]と[名]に英語の名前が表示されたり、[姓]に人名がすべて入力されたりすることがあります。これらを確認し、手順3のように姓や名を適切な内容に変更しておきましょう。なお、フリガナは、160ページのHINT!の方法で変更や追加ができます。

間違った場合は?

手順1で[連絡先]以外にドラッグしてしまった場合は、表示されるウィンドウをいったん閉じ、もう一度やり直します。閉じる際に、「変更を保存しますか?」というメッセージが表示されたら、[いいえ]ボタンをクリックします。

HINT! メールの差出人の署名を利用しよう

メールの署名には、差出人のフルネームや勤務先、所属部署、電話番号などが記入されていることが多いはずです。それらをコピーし、連絡先アイテムの各フィールドに貼り付ければ転記ミスを防げます。

③ 連絡先を編集する

メールの署名部分が表示された　　レッスン㊿を参考に、各フィールドの情報を入力する

❶ 連絡先情報をメールの署名からコピーして入力

フリガナが漢字になった場合は訂正しておく

必要な情報の入力が済んだら、[メモ]のメール本文は削除しておく

❷ ドラッグして本文を選択

❸ Delete キーを押す

④ 入力した連絡先を保存する

連絡先の入力を完了する　　[保存して閉じる]をクリック

⑤ 登録した連絡先が表示された

[予定表]の画面を表示して作成した予定表を確認する

[予定表]をクリック　　　　メールから作成した連絡先が表示された

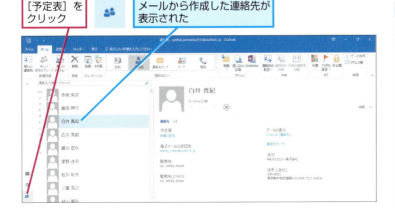

HINT! メールアドレスを選択して連絡先を登録できる

閲覧ウィンドウで、差出人のメールアドレスを右クリックすると、メニューが表示されます。その中から[Outlookの連絡先に追加]をクリックすると、簡易編集画面が表示されます。簡易編集画面でも情報の修正や追加ができますが、[連絡先]ウィンドウで操作するときは、164ページのHINT!を参考に操作しましょう。

❶ 差出人のメールアドレスを右クリック

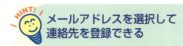

❷ [Outlookの連絡先に追加]をクリック

簡易編集画面が表示された　　❸ 名前を修正

[氏名の確認]ダイアログボックスが表示されたときは、姓と名を分けて入力する

❹ [保存]をクリック

Point メールアドレスを正確に入力できる

メールをドラッグして連絡先を作成すると、メールアドレスが[電子メール]のフィールドにコピーされます。メールアドレスを手で入力する必要がないので、登録は簡単です。継続的にメールをやりとりするであろう相手からメールを受け取ったら、すぐ連絡先に登録しておきましょう。

レッスン 59

予定の下準備をタスクに追加するには

予定をタスクに変換

> 登録済みの予定で、予定に関連する準備をしなくてはいけなくなったときは、予定の内容をタスクにも登録しておきましょう。期限やアラームの再設定も可能です。

1 予定からタスクを作成する

登録済みの予定を表示しておく

登録済みの予定からタスクを作成する

❶ 予定にマウスポインターを合わせる

❷ [タスク] にドラッグ

2 タスクの内容を確認する

[タスク] ウィンドウが表示された

予定と同じ件名が入力された

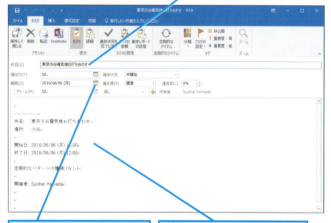

[期限] に予定の [開始時刻] の日付が入力された

予定の件名や日時などの情報が本文として入力された

▶キーワード

タスク	p.246
予定表	p.247

HINT! 予定表に毎日のタスクを表示するには

[予定表] の画面に [日毎のタスクリスト] を表示させると、タスクがひと目で分かり、予定タスクを一度に確認できます。タスクの一覧に予定をドラッグしたり、逆にタスクを予定にドラッグすることもできます。

❶ [表示] タブをクリック

❷ [日毎のタスクリスト] をクリック

❸ [標準] をクリック

[予定表] の画面に日ごとのタスクリストが表示された

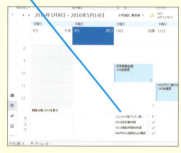

⚠ 間違った場合は?

手順2で間違って閉じるボタン（）をクリックしてしまうと、「変更を保存しますか?」というダイアログボックスが表示されます。そのときは、[いいえ] ボタンをクリックしてもう一度手順1からやり直します。

③ タスクを編集する

ここでは件名を修正しアラームを設定する

❶ 件名を修正

必要に応じて、予定より前の期限を設定してもいい

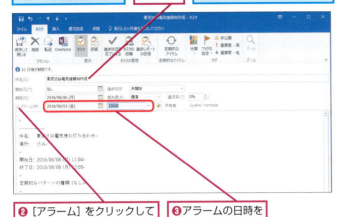

❷ [アラーム] をクリックしてチェックマークを付ける

❸ アラームの日時を選択

④ 入力したタスクを保存する

タスクの入力を完了する

[保存して閉じる] をクリック

⑤ 登録したタスクを確認する

To Doバーのタスクリストを表示して、作成したタスクを確認する

[タスク] をクリック

予定から作成したタスクが表示された

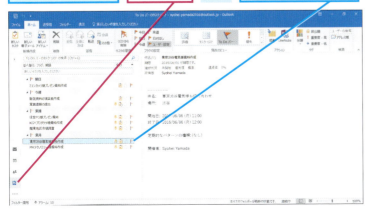

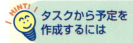

HINT! タスクから予定を作成するには

このレッスンの例とは逆に、タスクから予定の作成もできます。タスクを [予定表] にドラッグして予定を作成すれば、開始時刻と終了時刻を設定し、作業予定として扱うことができます。

タスクを [予定表] にドラッグする

タスクの件名や日時などの情報が入力される

Point

予定とタスクを連携させよう

予定とタスクは、内容によって切り離せない関係と言えるでしょう。結婚式に出席するために、美容院に行ったり、スーツを新調したりするといった行動もタスクと言えます。登録済みの予定があれば、その予定と関連するタスクを登録しておきましょう。予定からタスクを作成しても、予定表から予定が消えるわけではありません。したがって、「打ち合わせ」という予定なら、それに合わせて「打ち合わせ資料作成」というように「予定に関連したタスク」ということが分かるような件名を付けましょう。前ページのHINT!の方法で予定とタスクを1つの画面に表示すれば、仕事とタスクを一度に確認でき、やらなくてはいけないことがすぐに分かります。

レッスン 60

会議への出席を依頼するには

会議出席依頼

相手がOutlookか対応するメールアプリを使っている場合、会議やイベントなどの予定を招待状として送信し、出欠の確認が簡単にできます。

出席依頼を送る

1 出席を依頼する予定を選択する

［予定表］の画面を表示しておく

出席依頼を送る予定をダブルクリック

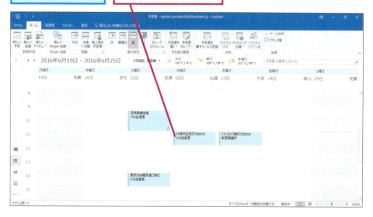

2 出席依頼のメールを作成する

［予定］ウィンドウが表示された

［会議出席依頼］をクリック

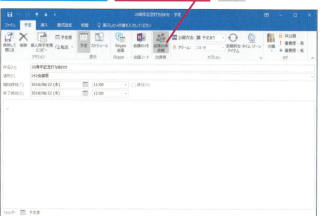

▶キーワード

Gmail	p.242
iCalender	p.242
アイテム	p.243
予定表	p.247
連絡先	p.247

HINT! 予定情報をまとめた添付ファイルが送付される

会議出席依頼の機能を使うと、会議やイベントの日時、場所などの情報をまとめたiCalender形式のファイル（ICSファイル）が添付されます。受け取った相手は、参加の可否をクリックで決定でき、参加を承諾した場合、その予定がその人のカレンダーに追加されます。Outlookはもちろん、Gmailや主要メールアプリなどがこの機能に対応しています。ただし、スマートフォン標準のメールアプリなどではICSファイルに対応しておらず、その場合は［添付ファイル削除］というメッセージが表示されます。

HINT! 予定の作成と同時に出席依頼をするには

レッスン㉟を参考に新しい予定を作成し、［予定］ウィンドウで［予定］タブの［会議出席依頼］ボタンをクリックすると、予定の作成と出席依頼のメールの送信を同時に実行できます。

HINT! 場所の情報がなくてもメールを送付できる

場所が入力されていない状態でメールを送ると、場所の指定を確認するダイアログボックスが表示されます。［そのまま送信］ボタンをクリックすると、メールが送信されます。

③ 出席依頼のメールを送信する

[予定] ウィンドウが [会議] ウィンドウに切り替わった

❶ [宛先] に出席者のメールアドレスを入力

[件名] は必要に応じて変更する

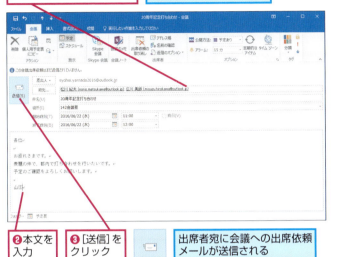

❷ 本文を入力　❸ [送信] をクリック

出席者宛に会議への出席依頼メールが送信される

出席依頼に返答する

④ 出席依頼のメールを表示する

ここから先は、出席を依頼されたユーザーの操作手順を解説する

会議への出席依頼メールが届いた

会議を示すアイコンが表示される

メールをクリック

出欠確認のボタンが表示された

💡 HINT! 招待者の出欠確認ができる

送信した出席依頼のメールは、自分が「開催者」となって相手に届きます。相手が出欠確認に応答すると、その状態がメールで返ってきて、[会議] ウィンドウで招待者ごとの出欠状況を確認できるようになります。また、予定の日時などに変更を加えたり、新たな招待者を追加した場合も、その変更内容を招待者に送信できます。

招待者の返信状況が確認できる

会議の日時や招待者を変更したときは、変更内容を送信できる

⚠ 間違った場合は？

間違った予定で [会議] ウィンドウを表示してしまったときは、手順3で [閉じる] ボタン（）をクリックします。「変更内容を保存しますか？」というダイアログボックスが表示されたら [いいえ] ボタンをクリックして、もう一度手順1からやり直します。

💡 HINT! 予定表をすぐに確認するには

招待メールを受け取った場合、手順4の画面で [予定表プレビュー] をクリックすると、閲覧ウィンドウ内で、自分の予定表を確認できます。招待された予定の前後に別の予定が入っていないかどうかを確認できるので、出席するか欠席するかを決めるのに便利です。

次のページに続く

❺ 出欠確認に返答する

ここでは、開催者に承諾を通知し、返信のメールを送信する

❶ [承諾] をクリック
❷ [コメントを付けて返信する] をクリック

❻ 返信メールを送信する

[会議出席依頼の返信] ウィンドウが表示された

[件名] に「Accepted:」と追加された

❶ 本文を入力

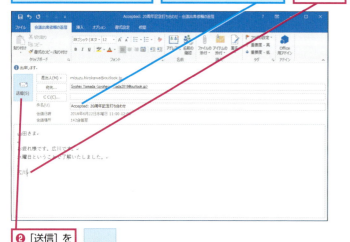

❷ [送信] をクリック

HINT! [返信しない] を選ぶと承諾の意図が通知されない

出席依頼を承諾する場合、[承諾] の一覧から [コメントを付けて返信する] [すぐに返信する] [返信しない] のいずれかを選びます。[すぐに返信する] を選ぶと、手順6のようなメッセージは返信されず、承諾したことだけが開催者に通知されます。[返信しない] を選んだ場合、招待を受けた予定が自分の予定表に追加されますが、開催者に参加承諾が通知されません。出席の意思はあるがメールを返信する余裕がないというときは、せめて [すぐに返信する] をクリックしておきましょう。

HINT! 招待の保留や辞退をするには

手順5の開催者への返答は、[承諾] [仮の予定] [辞退] [新しい日時を指定] の4つの中から選択します。参加の可否がはっきりしない場合は [仮の予定] をクリックして保留の意思を返答しておき、予定が確定した時点で承諾または辞退の返答をします。なお、[仮の予定] の一覧から [コメントを付けて返信する] か [すぐに返信する] を選択すると、開催者には [仮承認] という情報が通知されます。

テクニック Outlook 2016以外でも出席依頼に返信できる

招待した相手がOutlookを使っていない場合でも、Outlook.comのほか、企業で使われているMicrosoft Exchange、Googleアカウント（Gmail、Googleカレンダー）など、互換性のあるクラウドサービスを使っている場合は、会議出席依頼の機能が有効になります。
なお、招待メールを送った相手が対応するクラウドサービスやアプリを使用していない場合も、予定表データの添付されたメールは届きます。ただし、出欠確認機能やカレンダーアプリとの連携は利用できません。

Gmailで出席依頼メールを受信すると、出欠の意思を通知できるボタンが表示される

⑦ メールが送信できた

出欠確認が済んだので、出席依頼メールが[送信済み]フォルダーに移動した

出席を承諾した予定が追加されたかどうかを確認する

[予定表]をクリック

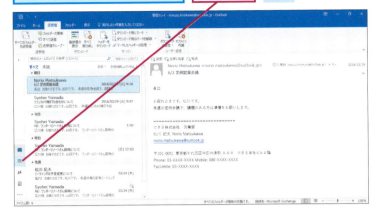

⑧ 会議の予定が予定表に追加された

[予定表]の画面が表示された

出席を承諾した会議の予定が表示された

HINT! 通知内容によって予定の表示が変わる

手順5で[仮の予定]や[新しい日時を指定]の[仮承認して別の日時を指定]を通知した予定は、予定の左に斜線が表示されます。

HINT! 出席する会議の詳細を確認するには

手順8で自動的に追加された予定をダブルクリックすると、[会議]ウィンドウが表示され、会議の詳細を確認できます。また、[会議]タブの[返信]グループから予定変更の返答をすることもできます。参加できるはずの会議に参加できなくなってしまった場合には辞退の返答をしておきましょう。

HINT! キャンセルのメールが届いたときは

予定の開催者から[会議のキャンセル]のメールが送付される場合もあります。閲覧ウィンドウで[予定表から削除]をクリックすると、予定表から予定が削除されます。

Point メールと予定を自動的に連携できる

複数の人の空き時間を確認して、予定を調整するのは大変な作業です。このレッスンで紹介した会議出席依頼の機能を使えば、その煩雑なやりとりを簡略化できます。「会議」という名前が付いていますが、会議以外でも利用できます。パーティーやイベントなど、幅広いシーンで活用してみましょう。

レッスン 61

会議の議事録を取るには

会議のメモ、OneNote

Outlookの予定を利用して、OneNoteでメモを取ってみましょう。OneNoteを利用すれば、会議中の様子を録音したり、ビデオに録画したりすることができます。

会議のメモを取る

① 会議の予定を選択する

予定を開いて会議のメモを取る

[予定表]の画面を表示しておく

メモを取る予定をダブルクリック

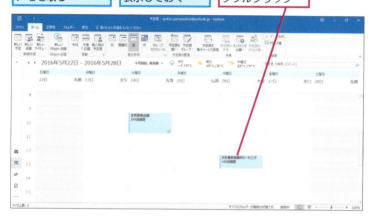

▶キーワード

OneNote	p.243
アイテム	p.243
予定表	p.247

 OneNoteを初めて使うときは

一度もOneNoteを起動したことがない場合は、手順3の後に「OneNoteに送るには、OneNoteの設定が完了している必要があります。」というメッセージが表示されます。[OK]ボタンをクリックしてメッセージを閉じ、下の手順でOneNoteを起動してください。初回起動時にサインインを求められた場合は、Microsoftアカウントのアカウントとパスワードでサインインします。Outlookで使っているアカウントと同じものを使う必要はありません。

Windows 8.1は32ページ、Windows 7は34ページを参考にOneNote 2016を起動する

[OneNote 2016]をクリック

サインインを求められたらOutlook.comのアカウントとパスワードを入力する

② OneNoteで会議のメモを取る

[会議]ウィンドウが表示された

[会議のメモ]をクリック

アカウントの設定が開始される

OneNoteが起動したら、[閉じる]ボタンをクリックして閉じておく

③ メモを取る方法を選択する

[会議のメモ]の画面が表示された

ここでは個人でメモを取る

[自分でノートを取る]をクリック

④ メモを取る場所を選択する

[OneNoteの場所の選択] ダイアログボックスが表示された

ここでは自分のノートブックに会議のメモを取る

❶ [（自分の名前）さんのノートブック]のここをクリック

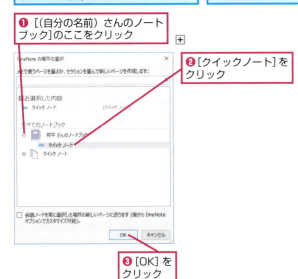

❷ [クイックノート] をクリック

❸ [OK] をクリック

⑤ OneNoteでメモを取る

OneNoteが起動した

予定の件名で新しいページが作成された

[ノート] の下の行をクリック

メモを入力できる状態になった

「会議のメモ」って何？

「会議のメモ」は、Outlookの予定に関連するメモをOneNoteで取る機能です。OneNoteで取る会議のメモは、Outlookの予定と相互にリンクし、互いを自由に往来できます。Outlookの予定の本文ではサポートされていない、タッチペンでの入力や音声の録音、ビデオの録画なども利用でき、メモの活用度を高めます。

ノートブックのどこに保存するかを選択する

OneNoteはノートブックの中に「クイックノート」などのセクションを作り、その中にページを作り、メモを書き込みます。複数のノートブックを扱うことができるので、手順4ではどのノートブックのどのセクションにメモを保存するかを選択しています。新しいページの新規作成はもちろん、既存のページにメモを追加することもできます。

間違った場合は？

手順5で文字を入力する際に、色の付いた大きな文字で入力されてしまう場合は、「ノート」という文字列の行に設定された [見出し1] のスタイルが適用されています。文字を削除して手順5からやり直すか、[ホーム] タブの [スタイル] にある [その他] ボタン（▼）をクリックし、[標準] のスタイルを選択しましょう。

次のページに続く

⑥ OneNoteを閉じる

❶メモを入力

❷[閉じる]をクリック

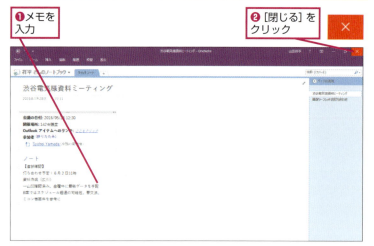

入力した内容は自動的に保存される

⑦ 予定を閉じる

Outlookの予定に関連付けてOneNoteのノートが作成された

[閉じる]をクリック

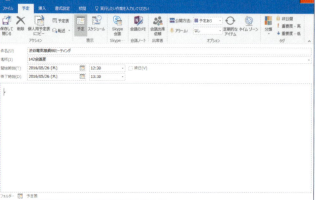

HINT! 音声を録音すればメモと同期できる

ノートパソコンの多くはマイクが内蔵されています。OneNoteで会議中の様子を録音しながらメモを入力すれば、入力されたメモとそのときの録音内容のタイミングを同期させて参照することができます。そのメモを取ったときに、何が話し合われていたのかを音声で確認できます。

❶[挿入]タブをクリック　❷[オーディオの録音]をクリック

録音が開始された

[オーディオとビデオ]ツールのタブをクリックして、録音の停止や音声の再生ができる

HINT! タッチペン対応のパソコンなら手書きが活用できる

タッチペンに対応したタブレットやパソコンなら、手書きで図形を描いたり、入力済みの文字列にマーキングしたりすることができます。[描画]タブをクリックし、[ツール]からペンの色や種類を選択すると、ページの好きな場所に描画ができます。また、手書きで文字を書いた場合には、[インクからテキスト]ボタンをクリックすると、後からその文字をテキストに変換できます。手書きの文字が検索対象となる点も便利です。

[描画]タブをクリックすると、手書き入力に関する機能を利用できる

情報を相互に活用する 第7章

192 できる

会議のメモを開く

8 メモが関連付けられた予定を開く

作成した会議のメモを開く

OneNoteと関連付けた予定を開いておく

［会議のメモ］をクリック

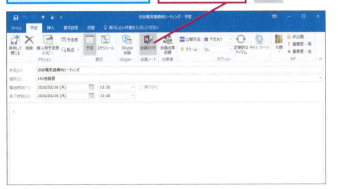

9 メモを取る方法を選択する

［会議のメモ］ダイアログボックスが表示された

メモを作成したときと同じ方法を選択する

［自分でノートを取る］をクリック

10 関連付けられたメモが表示された

作成した会議のメモが表示された

メモの追記や再編集ができる

HINT! OneNoteからOutlookの関連アイテムを開くには

OneNoteを開いているときに、リンクされているOutlookの予定を参照したい場合は、［ここをクリック］をクリックします。また、Outlookの予定の詳細は折り畳まれていますが、［展開］をクリックすると、その場で確認できます。

OneNoteを起動しておく

❶開きたいセクションをクリック

❷ページをクリック

❸［Outlookアイテムへのリンク］の［ここをクリック］をクリック

関連付けられたOutlookのアイテムが表示される

Point

OneNoteにすべてのメモを集約できる

Outlookで管理している予定やタスクとOneNoteのメモをリンクさせることで、さまざまな記録をより柔軟に残せるようになります。OneNoteは、メモを取ることに特化したアプリです。OneNoteで取ったメモはクラウドに保存され、どんな機器からも同じメモを参照し、必要に応じて加筆や修正ができます。［OneNote］アプリをインストールしておけば、iPhoneやiPad、Android端末でもメモの参照や加筆ができます。

レッスン 62

OneNoteからOutlookのタスクを登録するには

Outlookタスク

OneNoteでメモを入力しているときに、Outlookのタスクを簡単に登録することができます。OneNoteとOutlookのタスクの状態は、相互に反映されます。

1 OneNoteのメモでタスクにしたい文字を選択する

レッスン㉛を参考に、OneNoteで会議のメモを作成しておく

メモの一部にフラグを立て、Outlookのタスクとして登録する

タスクにしたい段落をクリック

▶キーワード

OneNote	p.243
タスク	p.246
フラグ	p.247

HINT! タスクは段落に対して設定される

OneNoteのページ内メモは、段落単位でタスクとなります。「段落」とは、改行で区切られたひと続きの文字のことです。[Outlookタスク]として設定した段落にはフラグが付き、Outlookのタスクとしても登録されます。

HINT! タスクに関するメモをOneNoteで入力するには

Outlookでタスクを作成している場合、そのタスクに関するメモをOneNoteで残せます。Outlookでタスクを選択し、[ホーム]タブの[OneNote]ボタンをクリックします。

2 Outlookのタスクを設定する

❶[ホーム]タブをクリック

❷[Outlookタスク]をクリック

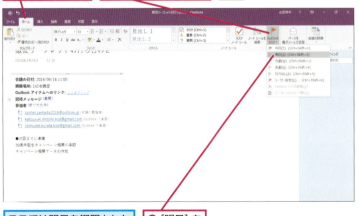

ここでは明日を期限としたタスクを設定する

❸[明日]をクリック

OutlookでTo Doバーのタスクリストを表示しておく

❶[ホーム]タブをクリック

❷タスクをクリック

❸[OneNote]をクリック

レッスン㉛を参考に、メモを作成する場所を指定し、OneNoteのメモを作成する

③ OneNoteのメモにOutlookのタスクが設定された

選択した段落の先頭にフラグが付き、Outlookのタスクとして登録された

④ Outlookでタスクを確認する

Outlookを表示しておく

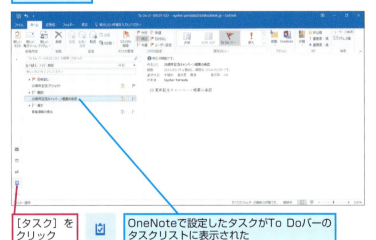

[タスク] をクリック

OneNoteで設定したタスクがTo DoバーのタスクリストにOne表示された

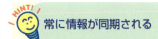
常に情報が同期される

このレッスンの手順でリンクされたOutlookとOneNoteのタスクは、情報をどちらからでも更新できます。片方で情報を更新すれば、もう片方にもその状態が反映されます。タスクの完了については、レッスン㊻を参照してください。

OneNoteでフラグをクリックすると、Outlookのタスクにも完了の印が付く

OneNoteのメモに日付や時刻を挿入する

OneNoteは、ページを新しく作成した際に、タイトルの下にその日時が表示されます。ページ内の個々のメモに日時の情報を入力したいときは、ショートカットキーを使うと便利です。

●日付と時刻のショートカットキー

Alt	+	Shift	+	D	…… 日付の入力
Alt	+	Shift	+	T	…… 時刻の入力
Alt	+	Shift	+	F	…… 日時の入力

Point
OneNoteとOutlookでタスクを自在に管理しよう

OneNoteの「Outlookタスク」は、OutlookとOneNoteを強力に連携させる機能の1つです。紙の手帳に付せんやマーカーを付ける感覚で、メモの一部にフラグを立てて、手軽にタスクを作成できます。また、前ページのHINT!で紹介した方法を使うと、OutlookのタスクとOneNoteのメモをリンクできます。OutlookのタスクにするメモをOneNoteでどんどん書き足すといった使い方が便利です。

この章のまとめ

●情報を活用して仕事の効率を高めよう

この章では、メールと予定表、タスク、連絡先といったアイテムを連携して活用する方法を紹介しました。Outlookで利用できるそれぞれのアイテムには、情報の共有や連携をしやすくする機能が豊富に用意されています。メールの情報を引用して予定やタスクを登録できるほか、作成済みの予定を選択して会議の出欠確認を行うなど、アイテムを連携させながら効率化を図ることができるのです。特に、コミュニケーションの多くをメールに頼ることが多いビジネスシーンでは、メールを起点とした情報をどう活用するかで効率が変わります。また、OneNoteを利用すれば、さまざまな機器で予定のメモを参照できます。この章で紹介した方法を活用し、情報を効率よく確認して、共有できるようにしましょう。

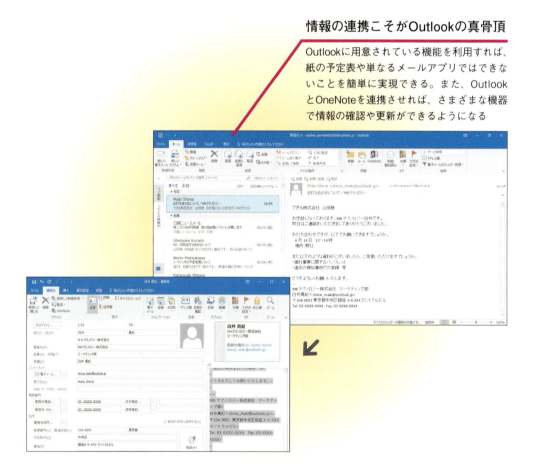

情報の連携こそがOutlookの真骨頂

Outlookに用意されている機能を利用すれば、紙の予定表や単なるメールアプリではできないことを簡単に実現できる。また、OutlookとOneNoteを連携させれば、さまざまな機器で情報の確認や更新ができるようになる

第8章 情報を整理して見やすくする

Outlookにはメールや予定、タスクなど、さまざまな情報が蓄積されていきます。蓄積された情報を見やすく、探しやすくすれば、情報の価値も高まり、作業効率もアップします。この章ではOutlookをより使いやすいものにするために、表示や機能をカスタマイズしていきましょう。

●この章の内容

(63) To Doバーを表示するには……198
(64) To Doバーの表示内容を変更するには……200
(65) ナビゲーションバーのボタンを並べ替えるには……202
(66) 画面の表示項目を変更するには……204
(67) 作成した表示画面を保存するには……206
(68) クイックアクセスツールバーにボタンを追加するには……210
(69) リボンにボタンを追加するには……212
(70) タッチ操作をしやすくするには……216

レッスン 63

To Doバーを表示するには

To Doバー

To Doバーは、予定やタスクの要約を表示する画面です。直近のアイテムをコンパクトにまとめ、今、やるべきことがひと目で分かるように表示されています。

1 予定表のTo Doバーを表示する

ここでは予定表のTo Doバーを表示する

❶[表示]タブをクリック
❷[To Doバー]をクリック

❸[予定表]をクリック

▶キーワード

To Doバー	p.243
アイテム	p.243
タスク	p.246
フォルダー	p.247
フラグ	p.247

HINT! To Doバーの順序を変えるには

予定表やタスクなどのTo Doバーは、[To Doバー]ボタンの一覧から選択した順に上から表示されます。To Doバーの表示順を変更したい場合は、下のHINT!を参考に、いったん非表示にして表示したい順に選択し直してください。また、複数のTo Doバーを表示しているときは、To Doバーの区切り線にマウスポインターを合わせ、マウスポインターが÷の形のときに上下にドラッグすれば、分割位置を変更できます。

2 タスクのTo Doバーを表示する

画面の右側に予定表のTo Doバーが表示された

予定表のTo Doバーの下にタスクのTo Doバーを表示する

❶[To Doバー]をクリック
 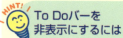

❷[タスク]をクリック

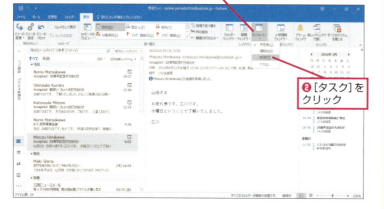

HINT! To Doバーを非表示にするには

すべてのTo Doバーを非表示にするには、手順2の画面で[オフ]をクリックします。どちらか片方を非表示にするときは、予定表やタスクのTo Doバーの右上にある[プレビューの固定を解除]ボタンをクリックしましょう。

❶[To Doバー]をクリック
❷[オフ]をクリック

[プレビューの固定を解除]をクリックしてもいい

テクニック To Doバーでタスクの登録や予定の確認ができる

To Doバーを表示しておけば、思い付いたときにすぐに新しいタスクを作成できます。以下の手順のように件名を入力したり、フラグを設定したりするといいでしょう。

また、予定表のTo Doバーで日付をクリックすると、選択した日付以降の予定が表示されます。

タスクのTo Doバーを表示しておく

❶ ここにタスクの件名を入力

❷ Enter キーを押す

タスクが登録され、To Doバーに表示された

ここをクリックすると、タスクに印を付けられる

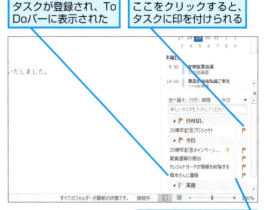

ここをクリックすると、分類項目を設定できる

 ❸ タスクのTo Doバーが表示された

画面の右下にタスクのTo Doバーが表示された

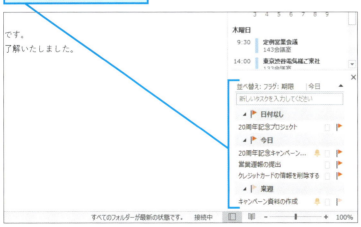

 フォルダーごとにTo Doバーの表示が設定される

このレッスンでは、メールを表示している状態でTo Doバーを表示しました。しかし、予定表やタスク、連絡先の画面にはTo Doバーが表示されません。予定表やタスクなどの画面に切り替えたときは、手順1の方法でTo Doバーを表示してください。

Point
To Doバーを見れば、今やるべきことが分かる

To Doバーには、直近の予定のほか、タスクの一覧が表示され、今、すべきことがひと目で分かるようになっています。タスクのTo Doバーでは、タスクとフラグ付きメールをまとめて確認できます。このレッスンでは予定表とタスクのTo Doバーを表示しましたが、連絡先のTo Doバーも表示できます。自分の好みに合わせて設定しましょう。

レッスン 64

To Doバーの表示内容を変更するには

列の表示

タスクのTo Doバーは、このレッスンの方法で表示内容を変更できます。自分の用途に合わせて、表示内容や表示順を変更するといいでしょう。

1 [ビューの詳細設定] ダイアログボックスを表示する

ここではレッスン63で表示したタスクのTo Doバーの表示内容を変更する

❶ここをクリック
❷[ビューの設定]をクリック

▶キーワード

To Doバー	p.243
アラーム	p.244
閲覧ウィンドウ	p.244
タスク	p.246
ビュー	p.246

HINT! To Doバーに表示されたタスクを並べ替えるには

下の手順で[今日]をクリックすると、上から[来月][来週][今週][今日]といった順番でタスクを表示できます。また、手順1の方法で[並べ替え]の一覧を表示し、[種類]や[重要度]をクリックしてもタスクの並べ替えができます。

[今日]をクリック

タスクが降順で並び替わる

2 [列の表示] ダイアログボックスを表示する

[ビューの詳細設定] ダイアログボックスが表示された

[列]をクリック

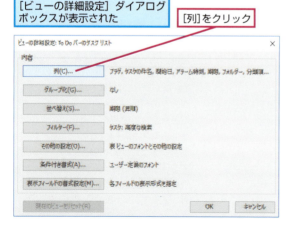

 間違った場合は?

手順3で間違った項目を削除したときは、[キャンセル] ボタンをクリックして、操作をやり直します。なお、手順2の画面で[現在のビューをリセット]ボタンをクリックすると、ビューの設定を元に戻せます。

❸ To Doバーの表示項目を選択する

[列の表示] ダイアログボックスが表示された

ここではアラームのアイコンを非表示にする

❶[アラーム]をクリック

❷[削除]をクリック

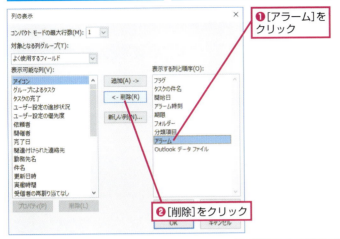

アラームが削除され、[表示可能な列]に表示された

❸[OK]をクリック

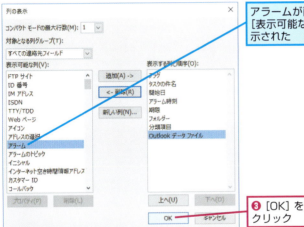

[ビューの詳細設定]ダイアログボックスが表示される

❹[ビューの詳細設定]ダイアログボックスの[OK]をクリック

❹ To Doバーの表示内容が変更された

To Doバーに表示されていたアラームのアイコンが非表示になった

To Doバーの幅を調節できる

To Doバーの左端を左右方向にドラッグすることで表示幅を自由に変更できます。

区切り線をドラッグして幅を変更できる

タスクの行数を増やすには

手順3で[コンパクトモードの最大行数]の行数を増やすと、タスクの期限やアラーム時刻などが表示されるようになります。ただし、To Doバーに表示されるタスクの数が減るので、必要に応じて設定を変更しましょう。

表示項目を追加するには

タスクに表示される項目を追加するには、[表示可能な列]にある項目を選択して[追加]ボタンをクリックします。[表示可能な列]に表示されていない項目は、[対象となる列グループ]の∨をクリックしてフィールドの種類を変更します。例えば[アラーム]を追加するときは、[すべての連絡先フィールド]を選択します。

Point

使いやすいようにTo Doバーをカスタマイズしよう

タスクのTo Doバーでは、ビューの設定をさまざまな方法で変更できます。このレッスンでは、アラームのアイコンを非表示にする方法を紹介しました。しかし、これはカスタマイズできる内容の一例です。[ビューの詳細設定]ダイアログボックスを利用すれば、タスクのグループ化や並び順、件名の書式なども変更できます。設定を変更してもいつでも初期状態に戻せるので、自分が使いやすいようにカスタマイズするといいでしょう。

64 列の表示

レッスン 65

ナビゲーションバーの ボタンを並べ替えるには

ナビゲーションオプション

フォルダーを切り替えるナビゲーションバーは、カスタマイズして自分が使いやすいように設定できます。ここでは、そのカスタマイズ方法を解説します。

1 [ナビゲーションオプション] ダイアログボックスを表示する

ここでは、[タスク]のボタンと[連絡先]のボタンの順序を変更する

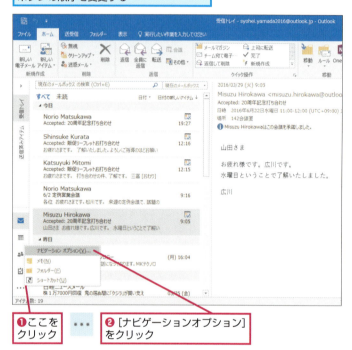

❶ここをクリック
❷[ナビゲーションオプション]をクリック

2 ボタンの表示順を変更する

[ナビゲーションオプション] ダイアログボックスが表示された

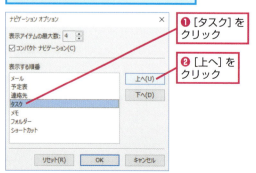

❶[タスク]をクリック
❷[上へ]をクリック

▶キーワード

タスク	p.246
ナビゲーションバー	p.246
フォルダー	p.247
連絡先	p.247

HINT! ボタンではなくフォルダー名で表示するには

ナビゲーションバーでは各機能のフォルダーがボタンで表示されます。この表示は画面の大きさや解像度によって自動的に切り替わります。タッチ操作で使う場合など、常に大きな文字で表示させたいときは、手順2で[コンパクトナビゲーション]のチェックマークをはずしておきます。

フォルダー名を大きな文字で表示できる

HINT! To Doバーのポップアップ表示を活用しよう

ナビゲーションバーの[予定表]ボタンや[タスク]ボタンにマウスポインターを合わせると、To Doバーに表示されているものと同じ内容がポップアップ表示されます。

間違った場合は？

手順1で[メモ]をクリックしてしまったときは、もう一度…をクリックして[ナビゲーションオプション]をクリックし直します。

情報を整理して見やすくする 第8章

ボタンの表示順を決定する

[タスク]が上に移動した

[OK]をクリック

ボタンの表示順が変更された

ナビゲーションバーの[タスク]と[連絡先]の順序が変更された

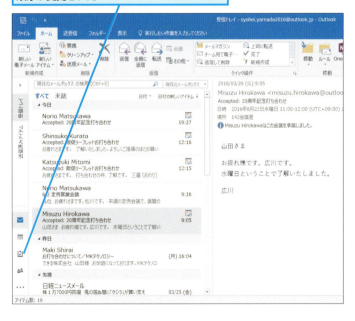

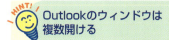
Outlookのウィンドウは複数開ける

ナビゲーションバーのボタンを右クリックし[新しいウィンドウで開く]をクリックすると、選択したフォルダーが別のウィンドウに表示されます。ディスプレイが大きいときや複数のディスプレイを使っているときに便利です。なお、ウィンドウを左右に並べて表示したい場合は、[⊞]キーを押しながら左右の方向キーを押すことでウィンドウをディスプレイの左右に分割できます。

❶ボタンを右クリック　❷[新しいウィンドウで開く]をクリック

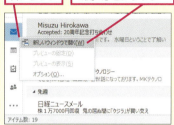

選択したフォルダーの画面が別のウィンドウで表示される

Point
ナビゲーションバーのカスタマイズでOutlookの使い勝手を高めよう

ナビゲーションバーは、Outlookで情報を確認するための「操作の起点」です。よく利用するボタンを決まった順番に表示しておけば、操作性が格段に高まります。なお、ディスプレイサイズが大きいときやタブレットなどでOutlookを利用するときは、ナビゲーションバーのボタンが選択しにくいこともあるでしょう。その場合は、前ページのHINT!の方法で[メール]や[予定表][連絡先][タスク]を大きな文字で表示するのがお薦めです。

レッスン 66

画面の表示項目を変更するには

ビューのカスタマイズ

画面が煩雑になりがちなタスク一覧の標準ビューに手を加え、自分専用のタスク一覧を作りましょう。ビューを変更することで、必要な情報だけを表示できます。

> このレッスンは動画で見られます
> 操作を動画でチェック！
> ※詳しくは2ページへ

▶キーワード

閲覧ウィンドウ	p.244
タスク	p.246
ビュー	p.246
フィールド	p.247

1 閲覧ウィンドウを非表示にする

レッスン㊹を参考にタスクリストを表示しておく

❶ [表示] タブをクリック

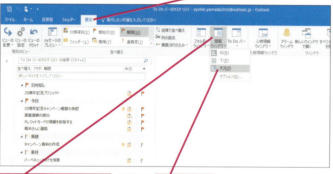

❷ [閲覧ウィンドウ] をクリック

❸ [オフ] をクリック

HINT! フィールドって何？

1つ1つのタスクは件名や開始日、期限といった複数の項目で構成されています。これらの項目のことをフィールドと呼びます。Excelにたとえると、タスクが行に相当し、フィールドは列に相当すると考えればいいでしょう。

HINT! フィールドの表示幅は自動調整できる

[タスクの件名] や [開始日] などの境界線をドラッグすると、フィールドの表示幅を変更できます。また、境界線をダブルクリックすると、フィールド内のデータのうち、最も長い文字列に合わせて幅が自動調整されます。

2 フィールドを削除する

閲覧ウィンドウが非表示になった

ここでは [開始日] のフィールドを削除する

❶ [開始日] を右クリック

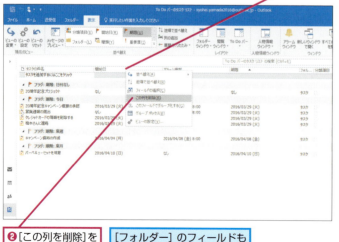

❷ [この列を削除] をクリック

[フォルダー] のフィールドも同様に削除しておく

間違った場合は？

手順2で間違ったフィールドを削除してしまった場合は、手順4を参考にもう一度そのフィールドを追加します。

HINT! フィールドの表示幅もビューの一部

アイテムの内容によってはフィールドの表示幅が足りずに、ビューが見にくくなることがあります。その場合はフィールドの境界線をドラッグして幅を調整します。調整した幅もビューの一部として保存されます。

情報を整理して見やすくする　第8章

204 できる

❸ [フィールドの選択] の画面を表示する

[開始日] と [フォルダー] の
フィールドが削除された

❶ フィールドを
右クリック

❷ [フィールドの選択]
をクリック

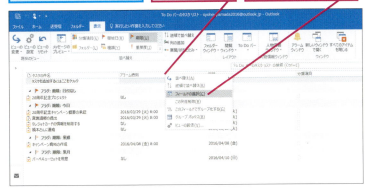

❹ フィールドを追加する

[フィールドの選択] の
画面が表示された

❶ [タスクの完了] を
クリック

❷ [タスクの件名] と [アラーム
時刻] の境界線にドラッグ

[タスクの完了] のフィールド
が追加された

追加されたチェックボックスをクリック
すると、タスクが完了の状態になる

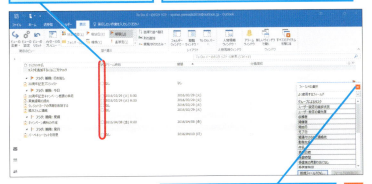

[閉じる]をクリックして[フィールド
の選択]の画面を閉じておく

💡HINT! 項目の表示順を変更するには

フィールドの表示順は、フィールドの見出しをドラッグして入れ替えができます。赤い矢印（）が表示されている位置を確認してマウスのボタンを離すと、見出しがその位置に移動し、表示順が変わります。

❶ [タスクの完了]
にマウスポインターを合わせる

❷ [期限] の
左側にドラッグ

フィールドの表示順が
変わる

💡HINT! ビューを初期状態に戻すには

カスタマイズしたビューをいったん初期状態に戻すには、[表示] タブの [ビューのリセット] ボタンをクリックします。フィールドや閲覧ウィンドウの表示もすべてリセットされます。

Point
**必要な情報だけを
画面に表示する**

Outlookのビューは、汎用的である半面、用途や目的によっては使いにくく感じることもあります。アイテムの種類は同じでも、それを扱うときに必要な項目、また、見やすいと感じる項目の表示順序が違うからです。もちろん、アイテムを一覧する目的によっても見やすいビューは異なります。標準のビューを変更し、自分で使いやすいビューを作成すれば、Outlookの使い勝手がさらに高まります。複数のビューを作成しておき、必要に応じて切り替えることもできます。詳しくは、次のレッスンで解説します。

66 ビューのカスタマイズ

レッスン 67

作成した表示画面を保存するには

ビューの管理

使いやすいビューが出来上がったら名前を付けて保存しておきましょう。複数のビューを用意しておけば、用途に応じて簡単に切り替えることができます。

1 [すべてのビューの管理] ダイアログボックスを表示する

ここではレッスン66で作成したタスクのビューを保存する

❶ [表示] タブをクリック

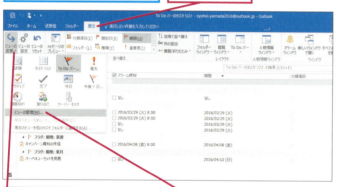

❷ [ビューの変更] をクリック

❸ [ビューの管理] をクリック

2 [ビューのコピー] ダイアログボックスを表示する

[すべてのビューの管理] ダイアログボックスが表示された

❶ [現在のビュー設定] をクリック

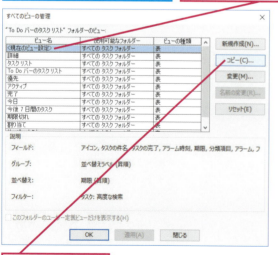

❷ [コピー] をクリック

▶キーワード

タスク	p.246
ビュー	p.246
フォルダー	p.247
リボン	p.247

 現在のビュー設定って何？

既存のビュー設定に、少しでも変更を加えた場合、それは「現在のビュー設定」という一時的なビューとして扱われます。ビューを変更し、それをまた使いたいと思ったら、「現在のビュー設定」をコピーし、名前を付けて保存しておきます。こうしておけば、いつでもそのビューを呼び出せます。

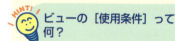 ビューの [使用条件] って何？

作成したビューをそのフォルダー専用のものにするか、ほかのフォルダーでも使えるようにするのかを、手順3の [ビューのコピー] ダイアログボックスで設定できます。ビューの数が多い場合は、特定のフォルダー専用にした方がいい場合もありますが、少ないうちはすべてのフォルダーで見ることができるようにしておいた方が便利です。

 間違った場合は？

手順3でビューの名前を間違えて付けてしまった場合は、手順5で [名前の変更] ボタンをクリックして名前を変更します。

③ ビューの名前を入力する

[ビューのコピー]ダイアログボックスが表示された

❶ビューの名前を入力
❷[OK]をクリック

④ ビューを保存する

[ビューの詳細設定]ダイアログボックスが表示された

タイトルバーに手順3で入力したビューの名前が表示される

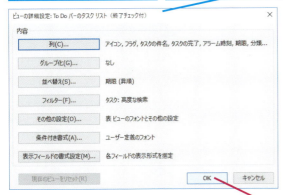

❶[OK]をクリック

[すべてのビューの管理]ダイアログボックスが表示された

ここに手順3で入力したビューの名前が表示される

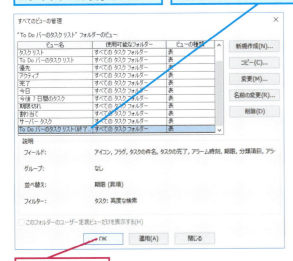

❷[OK]をクリック

HINT!

標準のビューはいつでも元に戻せる

[すべてのビューの管理]ダイアログボックスでは、任意のビューをクリックすると、右側に並ぶボタンのうち、一番下のボタンが[削除]または[リセット]に変わります。自分で作ったものは[削除]、標準で用意されているものは[リセット]となり、標準の設定を変更している場合は、リセットすることで初期状態に戻せます。

並べ替えの順序やフィルタの設定もできる

手順4の上の画面で、それぞれのボタンをクリックし、ビューの表示をさらに細かく設定できます。特に、[その他の設定]では、フォントに関する設定など、表の見え方を細かく調整し、ビューの完成度を高められます。

作ったビューを削除するには

自分で作成したビューを削除するには、[すべてのビューの管理]ダイアログボックスで、削除したいビューを選択し、[削除]ボタンをクリックします。

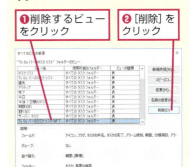

❶削除するビューをクリック
❷[削除]をクリック

次のページに続く

67 ビューの管理

できる 207

5 ビューをリセットする

変更したビューを元に戻す

❶[表示]タブをクリック

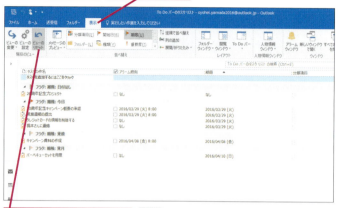

❷[ビューのリセット]をクリック

元のビューに戻すかどうかを確認する画面が表示された

❸[はい]をクリック

6 ビューがリセットされた

ビューが元に戻った

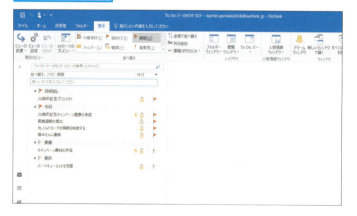

 ビューに加えた変更はそのまま保存される

項目の追加や削除、表示順序など、ビューに加えた変更は、リセットの操作をしない限り、そのまま保存され、次にそのビューを呼び出したときにも、以前の状態が再現されます。

間違った場合は?

手順5で間違って[いいえ]ボタンをクリックした場合は、もう一度、手順5の操作をやり直します。

 ビューの設定を簡単に変更するには

作成したビューは、[ビューの変更]ボタンの一覧に表示されます。ビューを右クリックして[ビューの設定]を選択すると、手順4の[ビューの詳細設定]ダイアログボックスをすぐに表示できます。

❶[ビューの変更]をクリック
❷設定を変更するビューを右クリック

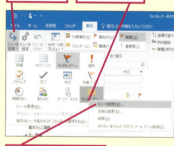

❸[ビューの設定]をクリック

[ビューの詳細設定]ダイアログボックスが表示される

7 保存したビューに切り替える

手順4で保存したビューに切り替える

❶ [ビューの変更] をクリック

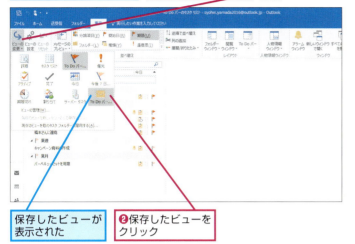

❷ 保存したビューをクリック

保存したビューが表示された

8 保存されたビューに切り替わった

タスクのビューが保存したビューに切り替わった

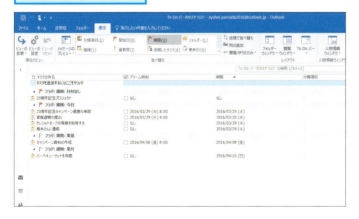

素早くビューを保存するには

表示中のビューに変更を加えたものを素早く保存するには、以下の手順で操作します。

レッスン㊿を参考にビューを作成しておく

❶ [ビューの変更] をクリック

❷ [現在のビューを新しいビューとして保存] をクリック

[ビューのコピー] ダイアログボックスが表示された

❸ ビューの名前を入力

❹ [OK] をクリック

Point

作ったビューは保存しよう

ビューは自分の好きなものをいくつも作成できます。表示する必要のない項目を非表示にし、任意の順序で並べ替えるだけで目的に応じた専用のビューが完成します。[ビューのリセット] ボタンで、いつでも元の状態に戻せるので、安心して変更を加えていきましょう。そして、作成したビューが役に立ちそうなら、いつでも呼び出せるように保存しておきます。

67 ビューの管理

できる 209

レッスン 68

クイックアクセスツールバーにボタンを追加するには

クイックアクセスツールバー

タイトルバーの左に常に表示されるクイックアクセスツールバーには、自由にボタンを配置できます。自分がよく使う機能のボタンを登録しておきましょう。

1 クイックアクセスツールバーにボタンを追加する

▶キーワード

Outlookのオプション	p.243
クイックアクセスツールバー	p.245
フォルダーウィンドウ	p.247
リボン	p.247

ここではクイックアクセスツールバーに[印刷]のボタンを追加する

❶[クイックアクセスツールバーのユーザー設定]をクリック

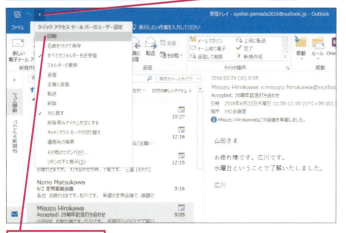

❷[印刷]をクリック

 HINT!
クイックアクセスツールバーからボタンを削除するには

ボタンを右クリックして[クイックアクセスツールバーから削除]をクリックすることで、必要のないボタンを削除できます。

❶削除するボタンを右クリック

❷[クイックアクセスツールバーから削除]をクリック

選択したボタンがクイックアクセスツールバーから削除される

テクニック　リボンにあるボタンをクイックアクセスツールバーに追加できる

登録したいボタンがリボンに表示されているときは、リボンのボタンを右クリックして[クイックアクセスツールバーに追加]をクリックする方法が簡単です。

❶追加するボタンを右クリック

❷[クイックアクセスツールバーに追加]をクリック

選択したボタンがクイックアクセスツールバーに追加される

テクニック リボンにないボタンも追加できる

リボンにボタンとして表示されていない機能などもクイックアクセスツールバーのボタンとして追加できる可能性があります。［Outlookのオプション］ダイアログボックスの［コマンドの選択］から［すべてのコマンド］を選択すると、Outlookで利用できるすべての機能が表示されます。また、表示順を変えるには、［クイックアクセスツールバーのユーザー設定］でボタンをクリックし、［上へ］ボタンや［下へ］ボタンをクリックしてください。

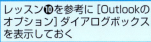

レッスン⑩を参考に［Outlookのオプション］ダイアログボックスを表示しておく

❶［クイックアクセスツールバー］をクリック

ボタンが追加された

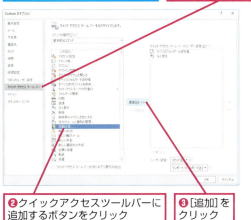

❷クイックアクセスツールバーに追加するボタンをクリック

❸［追加］をクリック

❹［OK］をクリック

2 クイックアクセスツールバーにボタンが追加された

クイックアクセスツールバーに［印刷］のボタンが追加された

 間違った場合は？

間違ったボタンを追加してしまった場合は、前ページのHINT!の手順を参考にボタンを削除します。

Point
最も利用頻度の高いボタンを追加しよう

クイックアクセスツールバーは、Outlookの画面に常に表示されます。クイックアクセスツールバーに利用頻度の高い機能を追加しておけば、リボンからボタンを探して操作するよりも、素早く操作ができます。リボンが折り畳まれているときでも同様です。頻繁に使う機能を登録しておくようにしましょう。

68 クイックアクセスツールバー

できる 211

レッスン 69

リボンにボタンを追加するには
リボンのユーザー設定

リボンに表示されるボタンや項目は、Outlookで利用できる機能の一部です。ここでは、よく使う機能のボタンをリボンに追加する方法を紹介します。

1 [リボンのユーザー設定]の画面を表示する

レッスン⑩を参考に[Outlookのオプション]ダイアログボックスを表示しておく

❶ [リボンのユーザー設定]をクリック

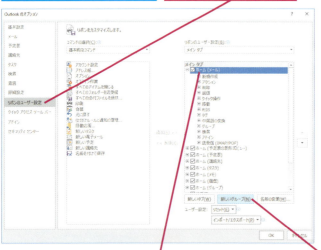

ここでは、メールを表示しているときの[ホーム]のリボンに[Outlook Today]のボタンを追加する

❷ [ホーム(メール)]をクリック

❸ [新しいグループ]をクリック

2 リボンに追加できる項目の一覧を表示する

[ホーム]タブに[新しいグループ]というグループが追加された

❶ [コマンドの選択]をクリック

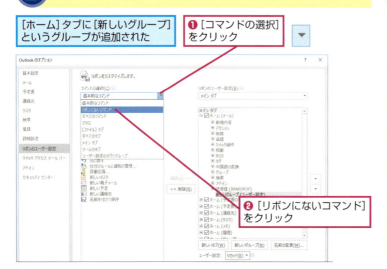

❷ [リボンにないコマンド]をクリック

▶キーワード

Outlookのオプション	p.243
アカウント	p.243
クイックアクセスツールバー	p.245
フォルダー	p.247
フォルダーウィンドウ	p.247
リボン	p.247

 コマンドって何?

コマンドとは、Outlookで使える1つ1つの機能のことです。Outlookのリボンでは、タブがいくつかのグループに分けられ、グループごとにコマンドがボタンとして表示されます。

 間違った場合は?

手順1で間違ったコマンドのグループを選択した場合は、もう一度操作をやり直し、正しいコマンドのグループを表示します。

③ グループに追加するボタンを選択する

リボンに表示されていない項目の一覧が表示された

❶[Outlook Today]をクリック

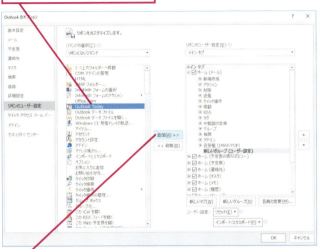

❷[追加]をクリック

追加されたタブに[Outlook Today]のボタンが追加される

④ グループの名前を変更する

追加されたグループの名前を入力する

❶[新しいグループ]をクリック

❷[名前の変更]をクリック

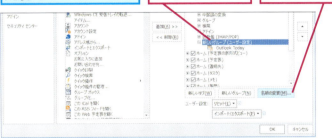

[名前の変更]ダイアログボックスが表示された

❸グループの名前を入力

❹[OK]をクリック

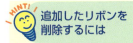 追加したリボンを削除するには

追加されたリボンのグループは手順3の画面で、中央にある[削除]ボタンをクリックしていつでも削除できます。また、標準で用意されているリボンのグループでも、使わないボタンについては削除することができます。リボンのカスタマイズ結果は、[リセット]ボタンでいつでも初期状態に戻せます。

 リボンのアイコンを選択できる

追加したコマンドに標準のアイコンがない場合は、手順4の下の画面で名前を入力するときに、ボタンのアイコンを指定することができます。機能を想像しやすい絵柄のアイコンを選んで設定しておきましょう。

次のページに続く

⑤ リボンの設定を保存する

グループの名前が入力された　　　　　　[OK]をクリック

⑥ ボタンを追加したグループが表示された

作成した[Today]のグループに[Outlook Today]のボタンが表示された

追加したボタンをクリックして動作を確認する

[Outlook Today]をクリック

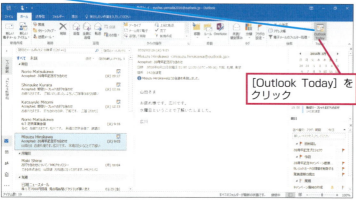

[Outlook Today]の画面が表示された

[受信トレイ]をクリックすればメールの表示に戻せる

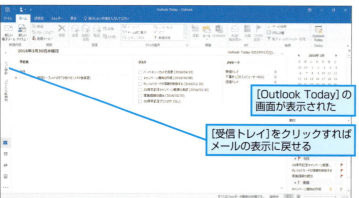

HINT! タブやグループの位置を変更するには

リボンに表示されるタブやグループは、表示順の変更もできます。手順5でタブやグループを選択し、[上へ]ボタンや[下へ]ボタンをクリックしましょう。上に移動した項目がリボンの左側に、下に移動した項目がリボンの右側に表示されます。

レッスン⑩を参考に[Outlookのオプション]ダイアログボックスを表示しておく

❶グループをクリック　❷[上へ]をクリック

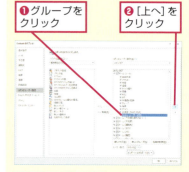

グループの位置が変更された

Point 利用頻度の高いボタンを追加しよう

Outlookのリボンは、クイックアクセスツールバーとは違い、メールや予定表など表示する画面ごとに細かくカスタマイズできます。このレッスンではボタンを追加する手順を解説しましたが、使わないボタンを削除したり、よく使うボタンだけをまとめて[ホーム]タブに表示したりすれば、Outlookがより使いやすくなるでしょう。

テクニック　Outlook Todayですべての情報を管理する

このレッスンで追加したOutlook Todayは、メールや予定表、タスクを一画面で表示し、その日の概要をひと目で分かるようにしたものです。細かいカスタマイズも可能で、Outlookの起動時に必ず、この画面を表示するよ うに設定することもできます。また、Outlook Todayは、フォルダーウィンドウに表示されたアカウント名をクリックすることでも表示できます。

●予定表のカスタマイズ

前ページの手順を参考に[Outlook Today]の画面を表示しておく

❶[Outlook Todayのカスタマイズ]をクリック

[Outlook Todayのカスタマイズ]の画面が表示された

ここでは表示される予定の期間を変更する

❷ここをクリックして[7日間]を選択

❸[変更の保存]をクリック

今後7日間の予定が表示されるようになった

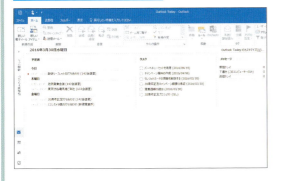

●フォルダーのカスタマイズ

❶左の手順を参考に[Outlook Todayのカスタマイズ]の画面を表示

❷[フォルダーの選択]をクリック

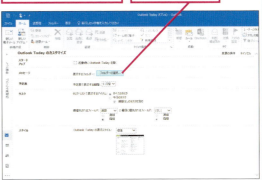

[フォルダーの選択]ダイアログボックスが表示された

❸表示するフォルダーをクリック

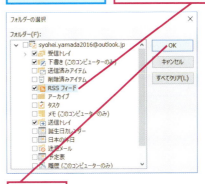

❹[OK]をクリック

❺左の操作3と同様に[Outlook Todayのカスタマイズ]画面で[変更の保存]をクリック

選択したフォルダーが表示されるようになる

レッスン 70

タッチ操作をしやすくするには

タッチモード

タッチモードに切り替えるとボタンやアイコンが大きくなるので、タブレットなど、タッチ操作が可能なパソコンを指先で操作しやすくなります。

1 [タッチ/マウスモードの切り替え]ボタンを追加する

ここでは、クイックアクセスツールバーに[タッチ/マウスモードの切り替え]を追加する

❶[クイックアクセスツールバーのユーザー設定]をクリック

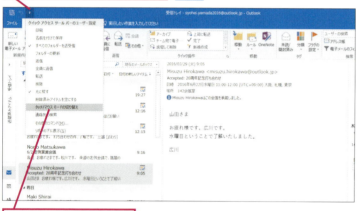

❷[タッチ/マウスモードの切り替え]をクリック

2 [タッチ/マウスモードの切り替え]ボタンが追加された

クイックアクセスツールバーに[タッチ/マウスモードの切り替え]が追加された

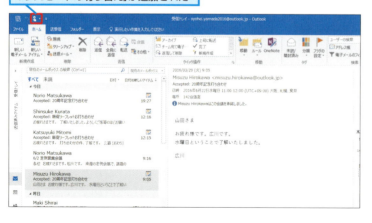

▶キーワード

アイテム	p.243
クイックアクセスツールバー	p.245
タッチモード	p.246
タブレット	p.246
フォルダー	p.247
リボン	p.247

HINT! 切り替えのボタンが最初から表示されている場合もある

タッチディスプレイが搭載されたパソコンやタブレットでは、はじめからクイックアクセスツールバーに[タッチ/マウスモードの切り替え]ボタンが表示されています。その場合は、手順1の操作は不要です。

HINT! タッチパネルの搭載にかかわらず切り替えられる

タッチモードとマウスモードは、使っているパソコンがタッチ操作に対応していなくても切り替えが可能です。画面を指で触れて操作できないパソコンでも、タッチモードに切り替えればリボンのボタンをクリックしやすくなります。使いやすいモードでOutlookを利用するといいでしょう。

 間違った場合は?

間違ってモードを切り替えた場合は、もう一度操作をやり直して正しいモードに切り替えます。

③ タッチモードに切り替える

ここではタッチモードに切り替える

❶[タッチ/マウスモードの切り替え]をクリック

❷[タッチ]をクリック

④ タッチモードに切り替わった

タッチモードに切り替わり、リボンのボタンが大きく表示された

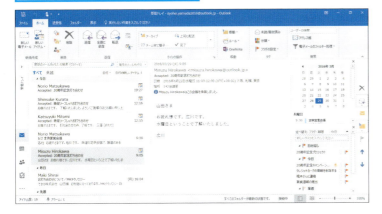

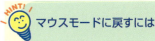

マウスモードに戻すには

タブレットでBluetooth接続のマウスを使って操作するなど、タッチモードからマウスモードに切り替えたいときは、以下の手順を参考に切り替えましょう。

タッチモードに切り替えておく

❶[タッチ/マウスモードの切り替え]をクリック

❷[マウス]をクリック

マウスモードに切り替わった

Point

**タブレットなどでは
タッチモードに切り替えよう**

タッチモードは指先での操作をしやすくするために、リボンのボタンが余白を多めに取って表示されます。また、アイテムやフォルダー一覧の行間も広く取られ、隣の項目を間違ってタッチしにくいように配慮されています。ウィンドウの右側には大きいアイコンで頻繁に使う機能が並び、タブレットを持った右手の親指で操作しやすくなるなど、Outlookがタッチ操作に適した使い勝手に変身します。

この章のまとめ

●自分が使いやすいように設定できる

さまざまな個人情報を柔軟に扱えるように、Outlookには操作画面や機能のボタンが数多く用意されています。しかし、あまり利用しない機能やボタンもあり、それが操作のストレスになることもあります。この章で紹介したTo Doバーのほか、ビューやクイックアクセスツールバー、リボンのカスタマイズ機能を利用して、ストレスなくOutlookを使えるようにしてみましょう。自分が操作しやすいようにOutlookをカスタマイズすれば、長年愛用している道具のように、愛着を感じられるようになります。

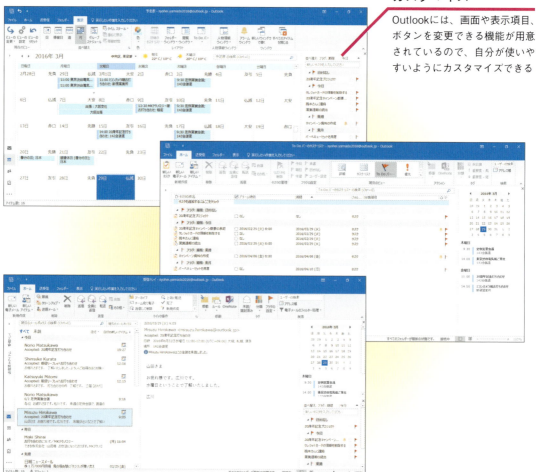

画面やメニューのカスタマイズ

Outlookには、画面や表示項目、ボタンを変更できる機能が用意されているので、自分が使いやすいようにカスタマイズできる

第9章 企業や学校向けのサービスで情報を共有する

多くの企業や学校ではMicrosoftのExchangeサービスをメールやコラボレーションのために運用しています。また、自社で運用するだけではなく、Exchangeサービスは、クラウドサービスとして提供されています。Outlookは、Exchageサービスと組み合わせたときに最大限の機能を発揮するように作られています。この章では、Exchangeを使った情報共有について説明します。

●この章の内容
- ㊆ Outlookの機能をフルに使うには……………………220
- ㊇ 予定表を共有するには……………………………………222
- ㊈ 他人のスケジュールを管理するには…………………224
- ㊉ 他人のスケジュールを確認するには…………………226

1 Outlookの機能をフルに使うには

企業、学校向けExchangeサービスの紹介

企業や学校で提供されるメールやコラボレーションツールが、ExchangeサービスならOutlookの機能を存分に発揮できます。ここではその概要を知っておきましょう。

予定やタスクを共有してコラボレーション

これまでの章では、自分のメールや予定、タスク、連絡先などを管理してきました。Outlookは、これらをチームメンバーと共有することもできます。例えば、今までは複数のメンバーで会議をしたいときに、予定を調整するメールを何度もやりとりして、全員が出席できる日時を決めていました。予定表が共有されていれば、メンバー全員の空いている日時はすぐに分かります。Outlookなら、相手の予定表のその時間に会議の仮予約を入れることもできます。

▶キーワード

Microsoft Exchange Online	p.242
アイテム	p.243
クラウド	p.245
予定表	p.247

● 会議の予定の例

自分の予定表

太郎さんの予定表

花子さんの予定表

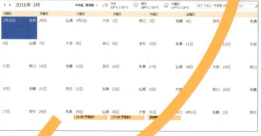

全員の予定を共有して同時に表示できる

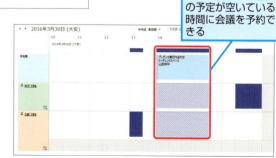

重ねて表示して全員の予定が空いている時間に会議を予約できる

コラボレーションはExchangeサービスで

このようなコラボレーション機能を実現するには、メールサービスのシステムとして、「Microsoft Exchange」が使われている必要があります。実際に多くの企業や学校で、Microsoft Exchangeが採用されています。Exchangeサービスは、次の2つに大別されます。

●一般法人、教育機関向けのクラウドサービス「Exchange Online」

●企業向けの自社内運用サービス「Exchange Server」

利用者は、特にこの違いを意識する必要はありませんが、Exchangeサービスを利用していない方でこの章のレッスンを自分でも試してみたい場合は、Exchange Onlineを個人で使うこともできます。

個人や家族でも使えるExchangeサービス

ExchangeはクラウドサービスのMicrosoft Exchage Onlineとしても提供され、個人でも月額440円／1ユーザー（税別：2016年4月現在）で利用できます。PC単体、あるいはOutlook.comでは提供されていない機能を利用でき、メール、予定表、タスク、メモ、連絡先を統合的に管理し、すべてのアイテムを連携させて使うことができます。さらに、Webブラウザー、Android、iOSなどのあらゆる機器から利用できるといった特徴があります。コラボレーション機能が特徴なので、Outlookの真価を発揮するには、家族の分も契約する必要があります。契約には、Microsoftアカウントとクレジットカードが必要です。

●Microsoft Exchange Online　「Exchange Online」
https://products.office.com/ja-jp/exchange/exchange-online

［今すぐ購入］をクリックして、購入手続きを行う

タスクや連絡先も共有できる

この章では、予定表の共有方法を解説していますが、同様にして連絡先やタスクも共有できます。タスクなら［新しいタスク］ウィンドウで［タスクの依頼］ボタンから、連絡先なら、連絡先を表示した画面で［連絡先の共有］ボタンから共有できます。

Point

チームで使うと何ができるの？

Exchageサービスの最たる特徴は、予定表や連絡先の共有などチームでの共同作業ができる点にあります。グループスケジュール、会議室、機材の予約などのリソース管理などは、コラボレーションシステムならではのものです

レッスン 72

予定表を共有するには

共有メールの送信

組織内の他の人に対して自分の予定を公開することで、会議や打ち合わせの予定をたてやすくできます。自分の予定表を組織内の他の人に公開してみましょう。

予定を共有する際の操作

1 予定表の共有を開始する

企業や学校のExchangeサービスにログインしておく

❶ [予定表] をクリック
❷ [予定表の共有] をクリック

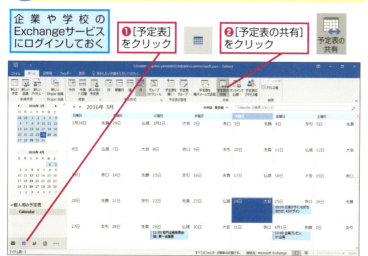

▶キーワード

アイテム	p.243
予定表	p.247

HINT! 詳細情報の公開レベル

各予定表アイテムにはその詳細が記載されていることがあります。他人に自分の予定を公開する際には、この詳細について、3段階の公開レベルを選択することができます。

[詳細]のここをクリックすると、3つの公開レベルを選べる

2 共有用のメールを送信する

共有メールの送信用のウィンドウが表示された

❶ 共有する相手のメールアドレスを入力

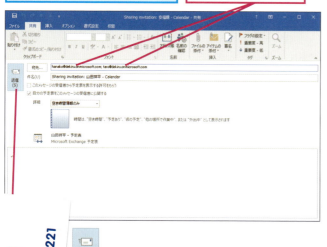

HINT! [宛先] ボタンからも相手を選択できる

手順2では、メールアドレスを直接入力しましたが、レッスン㉜の167ページのように [宛先] ボタンから共有する相手を選択できます。

企業や学校向けのサービスで情報を共有する

第9章

221

③ 共有を完了する

[はい]を クリック | 相手側がメールを受け取れば共有される

共有した予定表の設定を変更する

① 予定表のアクセス権を変更する

[予定表のアクセス権]をクリック

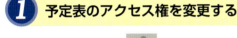

② 変更を完了する

アクセス権を変更するユーザーを選択できる | 読み取りレベルや書き込み、アイテムの削除なども管理できる

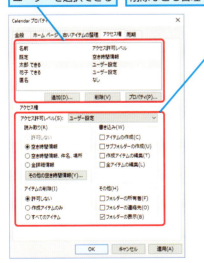

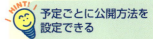 予定ごとに公開方法を設定できる

個々の予定は、その公開方法として、
・空き時間
・他の場所での作業
・仮の予定
・取り込み中
・外出中

を設定しておくことができます。社内や学内でのミーティングを設定する際に、その前の予定が外出中であることがわかっていれば移動の時間を確保するなどの配慮をしてもらうことができます。もちろん、あらゆる予定をすべて入れておくということも大切です。

 アクセス権を変更するだけならメールは送信されない

左の手順を使えば、アクセス権のないユーザーに対しても共有する設定にできます。この場合は、共有のお知らせメールは送信されません。ただ共有するだけでは相手が気付かないので、新たに共有する場合は、前ページの手順でメールを送って共有するようにしましょう。

Point

予定は自分だけのものではない

上司や部下、あるいは同僚の予定をある程度把握することができれば、メールで複数メンバーの予定を問い合わせて互いの空き時間をすりあわせるといったことをしなくても、短時間でチームの予定を決めることができます。共同作業においては、予定が自分だけのものではないことを頭においておきましょう。

72 共有メールの送信

できる 223

レッスン 73

他人のスケジュールを管理するには

他人の予定表を開く

予定表が共有されるとその旨を知らせるメールが届きます。チームの他のメンバーの予定表を開き、全員の都合がいいのは、いつなのかをチェックしてみましょう。

共有のお知らせメールを受け取ったときの操作

1 予定表を開く

予定表が共有されたお知らせのメールが届いている

❶[この予定表を開く]をクリック

▶キーワード

予定表	p.247

メールから共有された予定表を開ける

誰かが予定表を共有すると、その旨を知らせるメールが届きます。届かない場合もアドレス帳を使って他の人の予定表を開いて予定を確認できる場合もあります。共有した際に設定されたアクセス権に応じて予定表の見かけが変わります。設定によっては担当秘書などに書き込みの権限を与え、予定の管理を任せるようにすることもできます。

確認メッセージのダイアログボックスが表示された

❷[はい]をクリック

確認メッセージについては、62ページのHINT!を参照

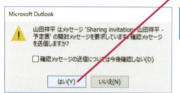

[重ねて表示]と[並べて表示]

追加した予定表は、自分の予定表やその他の予定表と重ねて表示したり、それぞれを並べて表示したりできます。操作方法はレッスン㊶を参考にしてください。

●重ねて表示

2 予定表が開いた

共有された予定表を開くことができた

共有されたのは空き時間情報だけなので、予定は表示されない

●並べて表示

メールが来ない場合の操作

1 予定表を開く

❶[予定表を開く]を
クリック

❷[アドレス帳から]を
クリック

2 予定を取得したい人を選択する

今回は複数選択する

❶[花子できる]を
ダブルクリック

❷[太郎できる]を
ダブルクリック

❸[OK]を
クリック

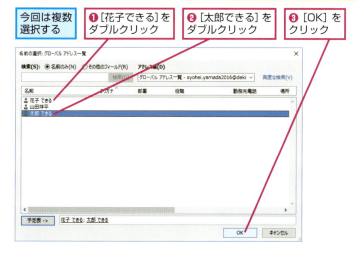

3 予定表を取得できた

自分を含めて3人分の予定表が表示された

73 他人の予定表を開く

HINT! 会議室の予定表を開くこともできる

会議をするためには会議室が必要です。メンバーの予定を押さえた上で、そのメンバーが集合して会議ができる場所を設定しておくことができます。会議室、プロジェクターといった用具など、参加者以外の共有物をリソースと呼び、あらかじめそれらが設定されている場合は組織の中で使用時間枠を確保することができます。

公開されていれば、[会議室の一覧から]や[インターネットから]で予定表を開くこともできる

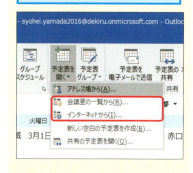

間違った場合は?

手順2で間違った人を選択してしまった場合は、下段の入力欄に表示されている名前をクリックし、Deleteキーを押して削除します。

Point 他人の予定を把握すればビジネスのスピードがあがる

チーム内のいつ誰がどこで何をしているかを知ることはビジネスの現場ではとても重要なことです。手帳の予定表を見ることはプライベートではためらわれるかもしれませんが、チームでの仕事をうまく進めるためには必須の行為といってもいいでしょう。チーム内のメンバーの動きを把握し、共同作業を効率よくこなせるようになりましょう。

できる | 225

レッスン 74

他人のスケジュールを確認するには

グループスケジュール

複数のメンバーを集めた会議を開催するには、グループスケジュールを設定します。個々のメンバーの空き時間をチェックし、会議を招集してみましょう。

1 グループスケジュールを開く

30日に太郎さん、花子さんを招集して会議を開きたい

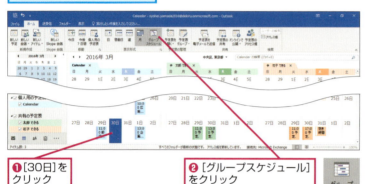

❶[30日]をクリック

❷[グループスケジュール]をクリック

2 新しく会議を招集する

太郎さんは13:00～13:30が不在

花子さんは17:00～が不在

14:00～16:00に会議を行うことにする

❶[新しい会議]をクリック

❷[全員で新しい会議]をクリック

3 会議の依頼を開始する

会議の出席依頼メールのウィンドウが開いた

[スケジュールアシスタント]をクリック

▶キーワード

グループスケジュール	p.245
予定表	p.247

会議の依頼はメールで送る

グループスケジュールを設定するには、会議の主催者が招待メールを最初に参加メンバー宛に送ります。全員が空いているようにみえても、前後の予定の移動時間などを考慮しなければならない場合もあります。無理のないように時間や場所を設定しましょう。

招待した会議をキャンセルするには

会議の招待メールを送った後に、優先順位の高い予定が入るなどして会議をキャンセルしたい場合は、予定表で会議の予定をダブルクリックし、会議のウィンドウで[会議のキャンセル]をクリックします。

❶会議のウィンドウで[会議のキャンセル]をクリック

❷[キャンセル通知を送信]をクリック

4 時間を決定する

❶ 14:00～16:00を ドラッグ

❷ [予定] をクリック

HINT! 会議を承諾するには

会議の招待メールには、[承諾] [仮の予定] [辞退] を設定するためのボタンが用意されています。[承諾] や [仮の予定] を選択すると、その旨がメールで返信され、自分の予定にその会議の予定が追加されます。

[承諾] [仮の予定] [辞退] をクリックして返事を送る

5 会議の依頼を送信する

❶ [件名] を入力
❷ [場所] を入力
❸ 会議依頼の本文を入力
❹ [送信] をクリック

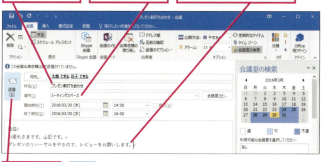

6 会議を依頼した

自分の予定表に会議の予約が入った

参加者の予定表には斜線が表示され会議の仮予約が入った

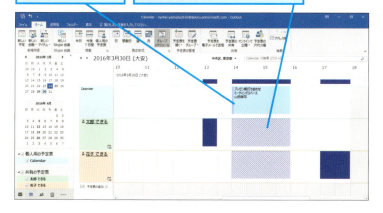

Point 複数のメンバーの予定を表示し会議の予定を決められる

グループスケジュールでは、参加を求めるメンバーの予定を横レイアウトで表示し、それぞれのメンバーの空き時間を把握しやすくします。従来はそれぞれのメンバーと何度かのメールをやりとりして日程を詰めていたはずです。グループスケジュールを使えば、全員が空いていることが分かっている時間に会議を設定して招待することができるので、会議の成立が確実なものになります。

この章のまとめ

●Exchangeサービスと組み合わせてこそ威力を発揮するOutlook

この章では多くの企業や学校で使われているExchangeサービスによって提供されている機能のほんの一部を紹介しました。組織においては他人といかにうまくコラボレーションしていくかが仕事の効率や完成度に直結します。自分の予定表を組織の他の人に公開し、相互に自由に参照できるようにすることで、会議など、全員の出席が望ましい用件の開催をスピーディにスケジュールできます。

Exchangeは登録された個人が自分だけのメールや予定の管理ツールとして使うために作られたものではなく、本来、こうした組織内のコラボレーションをより効率的なものにするためにあります。そして、その機能を最大限に発揮されるように作られているのがOutlookなのです。Exchageサービスが提供されている組織では、その機能をより有効に使えるようになりたいものです。

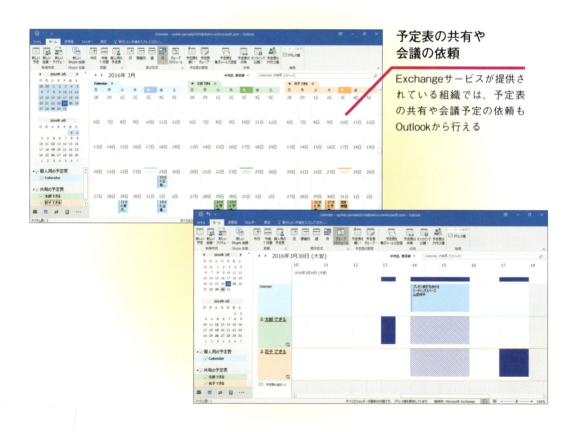

予定表の共有や会議の依頼

Exchangeサービスが提供されている組織では、予定表の共有や会議予定の依頼もOutlookから行える

付録1　古いパソコンからメールを引き継ぐには

Outlookのデータや別のメールアプリのデータはOutlookに引き継げます。ここではWindows Vistaの環境で、Outlook 2007のデータをOutlook 2016にインポートする方法と、Windows Liveメールのデータを引き継ぐ方法を解説します。Windows 7やWindows XPの環境でも、ほぼ同様の手順でデータを書き出せます。

古いパソコンでOutlook 2007のメールをエクスポートする

Outlook 2007の[インポート/エクスポートウィザード]の画面を表示する

Outlook 2007を起動しておく

❶[ファイル]をクリック

❷[インポートとエクスポート]をクリック

Outlook 2010の場合は、[ファイル]-[開く]-[インポート]の順にクリックする

Outlook 2013の場合は、[ファイル]-[開く/エクスポート]-[インポート/エクスポート]の順にクリックする

ファイルのエクスポートをはじめる

[インポート/エクスポートウィザード]が起動した

❶[ファイルにエクスポート]をクリック

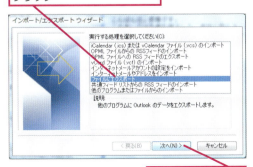

❷[次へ]をクリック

 エクスポートするファイルの種類を選択する

[ファイルのエクスポート]の画面が表示された

ここではOutlook専用のファイル形式でエクスポートする

❶[個人用フォルダファイル]をクリック

❷[次へ]をクリック

エクスポートするフォルダーを選択する

[個人用フォルダのエクスポート]の画面が表示された

ここではOutlookに保存されたすべてのフォルダーをエクスポートする

❶[個人用フォルダ]をクリック

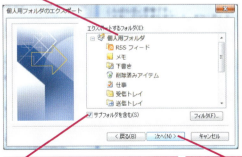

❷[サブフォルダを含む]をクリックしてチェックマークを付ける

❸[次へ]をクリック

次のページに続く

付録

できる | 229

5 ファイルの保存先を選択する

エクスポートするファイル名を確認する画面が表示された

❶[参照]をクリック

[個人用フォルダを開く]ダイアログボックスが表示された

ここでは、パソコンにセットしたUSBメモリーに保存する

❷USBメモリーを選択

❸エクスポートするファイルの名前を入力

❹[OK]をクリック

6 ファイルの保存先が選択された

選択したファイル名と保存先が表示された

[完了]をクリック

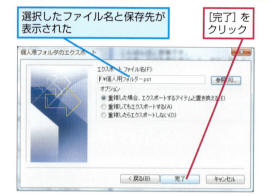

7 ファイルの名前とパスワードを設定する

フォルダーの名前とパスワードを設定する

パスワードは設定しなくても手順を進められる

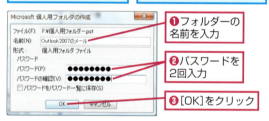

❶フォルダーの名前を入力

❷パスワードを2回入力

❸[OK]をクリック

8 パスワードを入力する

パスワードを確認する画面が表示された

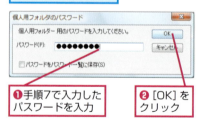

❶手順7で入力したパスワードを入力

❷[OK]をクリック

Outlook 2007の個人用フォルダーがエクスポートされる

 エクスポートされるファイルの容量に注意しよう

長年Outlookを使ってきた場合、データの容量がとても大きくなっている可能性があります。ファイルが添付されたメールが大量にある場合は容量が大きくなりがちです。USBメモリーにメールのデータを保存するときは、あらかじめ容量が大きいものを用意しておきましょう。

 間違った場合は?

手順7で入力したパスワードが異なるというメッセージが表示された場合、1回目に入力したパスワードと、確認のために入力した2回目のパスワードが異なっています。もう一度、正しいパスワードを入力し直します。

⑨ Outlook 2007のメールがエクスポートされた

| エクスポートされたファイルを確認する | USBメモリーをエクスプローラーで表示しておく |

手順5で入力した名前が付けられたファイルがあることを確認する

新しいパソコンでOutlook 2016にメールをインポートする

⑩ Outlook 2016でインポート先のフォルダーを作成する

| Outltook 2016を起動しておく | ここではエクスポートしたデータをインポートするファイルを作成する |

Outlook 2016でもプロバイダーのメールを使用している場合は手順13に進んでもいい

❶[ホーム]タブをクリック　❷[新しいアイテム]をクリック

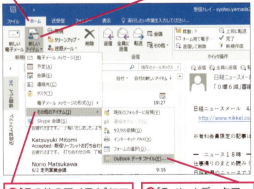

❸[その他のアイテム]にマウスポインターを合わせる　❹[Outlookデータファイル]をクリック

[新しいOutlookデータファイル]ダイアログボックスが表示されたときは、[Outlookデータファイル]をクリックし[OK]をクリックする

---

⑪ インポート先のOutlookデータファイルを保存する

| [Outlookデータファイルを開くまたは作成する]ダイアログボックスが表示された | [Outlookファイル]フォルダーに保存するファイルの名前を設定する |

❶[Outlookファイル]フォルダーが選択されていることを確認　❷インポート先のファイル名を入力

❸[OK]をクリック

---

⑫ Outlook 2016でインポートをはじめる

インポート先のファイルが作成され、空のフォルダーが表示された

Outlook 2007でエクスポートしたファイルが保存されたUSBメモリーを、Outlook 2016がインストールされたパソコンにセットしておく

[ファイル]タブをクリック

---

⑬ Outlook 2016の[インポート/エクスポートウィザード]の画面を表示する

❶[開く/エクスポート]をクリック　❷[インポート/エクスポート]をクリック

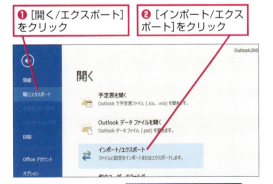

次のページに続く

14 ファイルのインポートをはじめる

[インポート/エクスポートウィザード]が起動した

❶ [他のプログラムまたはファイルからのインポート]をクリック

❷ [次へ]をクリック

15 インポートするファイルの種類を選択する

[ファイルのインポート]の画面が表示された

❶ [Outlookデータファイル]をクリック

❷ [次へ]をクリック

⚠ 間違った場合は?

エクスポートしたはずのファイルが手順16で見つからない場合は、手順5で保存したファイルの場所を確認し、もう一度やり直します。

16 インポートするファイルを選択する

インポートするファイル名を確認する画面が表示された

ここではUSBメモリーに保存されたファイルを選択する

❶ [参照]をクリック

[Outlookデータファイルを開く]の画面が表示された

❷ USBメモリーを選択

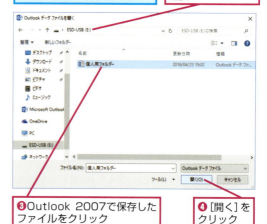

❸ Outlook 2007で保存したファイルをクリック

❹ [開く]をクリック

17 インポートするファイルが選択された

Outlook 2007からインポートするファイルが表示された

❶ [重複したらインポートしない]をクリック

❷ [次へ]をクリック

18 パスワードを入力する

インポートするファイルのパスワードを入力する画面が表示された

230ページで設定したパスワードを入力する

❶インポートするファイルのパスワードを入力

❷[OK]をクリック

19 もう一度パスワードを入力する

パスワードを入力する画面がもう一度表示された

❶インポートするファイルのパスワードを入力

❷[OK]をクリック

20 インポートするフォルダーを選択する

インポートするフォルダーを選択する画面が表示された

ここではすべてのフォルダーをインポートする

[サブフォルダーを含む]にチェックマークが付いているかどうかを確認する

❶作成したフォルダーが選択されていることを確認

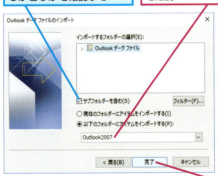

❷[完了]をクリック

Outlook 2016でもプロバイダーのメールを使用している場合は、インポート先のフォルダーに指定してもいい

Outlook 2007から保存したファイルがインポートされる

87ページの手順14を参考に、[▶]をクリックして、作成したフォルダーにOutlook 2007のデータがあるか確認しておく

古いパソコンでWindows Liveメールのメールをエクスポートする

1 Windows Liveメールの[Windows Liveメールエクスポート]の画面を表示する

ここではWindows VistaのWindows Liveメールに保存されたメールをエクスポートする

Windows Liveメールを起動しておく

❶[Windows Liveメール]をクリック

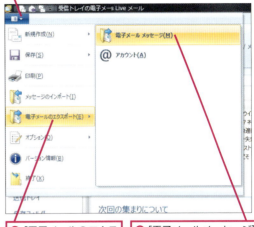

❷[電子メールのエクスポート]をクリック

❸[電子メールメッセージ]をクリック

2 エクスポートの形式を選択する

エクスポートされる電子メールの形式を選択する画面が表示された

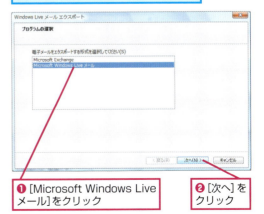

❶[Microsoft Windows Liveメール]をクリック

❷[次へ]をクリック

次のページに続く

❸ ファイルの保存先を選択する

エクスポートされるメールの保存先を確認する画面が表示された

❶[参照]をクリック

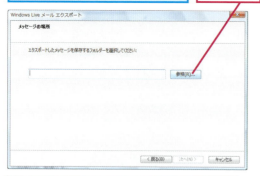

ここではパソコンにセットしたUSBメモリーに、新しいフォルダーを作成してファイルを保存する

❷[コンピュータ]をクリック　　❸[リムーバブルディスク]をクリック

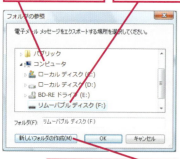

❹[新しいフォルダの作成]をクリック

❹ ファイルの保存先の名前を入力する

新しいフォルダーが作成された

❶フォルダーの名前を入力

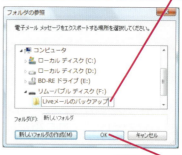

❷[OK]をクリック

選択したフォルダー名と保存先が表示された

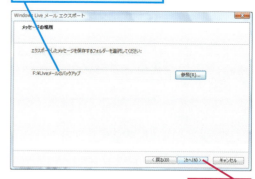

❸[次へ]をクリック

Windowsメールからメールを引き継ぎたいときは

Windows Vistaの標準メールアプリである「Windowsメール」を使っていた場合は「Windowsメール」から「Windows Liveメール」、「Outlook 2016」の順に移行します。Windows VistaにWindows Liveメールをインストールし、Windowsメールからいったん Windows Liveメールに移行をした上で、ここで紹介している手順にしたがってOutlookに移行します。

一部のフォルダーをエクスポートすることもできる

手順5ではWindows Liveメールでエクスポートするフォルダーを選択しています。ここでは、すべてのメールをエクスポートしていますが、フォルダーを選択して一部のメールだけをエクスポートすることもできます。[選択されたフォルダー]をクリックし、エクスポートしたいフォルダーを選択してください。ただし、複数のフォルダーを指定することはできません。いったんすべてのフォルダーをエクスポートし、236ページの手順10の操作3でインポート時に選択するようにします。

⑤ エクスポートするフォルダーを選択する

[フォルダーの選択]の画面が表示された

ここではすべてのフォルダーをエクスポートする

❶[すべてのフォルダー]をクリック

❷[次へ]をクリック

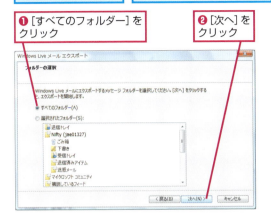

⑥ Windows Liveメールのメールがエクスポートされた

[エクスポートの完了]の画面が表示された

[完了]をクリック

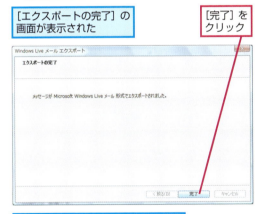

Windows Liveメールのメールが USBメモリーに保存された

間違った場合は?

手順4でファイルの保存先やフォルダー名の間違いに気が付いた場合は、手順3から操作して、保存先を選択し直します。

新しいパソコンでOutlook 2016にメールをインポートする

⑦ 新しいパソコンのWindows Liveメールでインポートをはじめる

Windows LiveメールでエクスポートしたファイルがUSBメモリーを、Outlook 2016がインストールされたパソコンにセットしておく

まずWindows 10のWindows Liveメールにメールをインポートする

次ページのHINT!を参考にWindows 10にWindows LiveメールをインストールしておくL

❶Windows 10でWindows Liveメールを起動

❷[ファイル]タブをクリック

❸[メッセージのインポート]をクリック

⑧ インポートするメールの形式を選択する

[Windows Liveメールインポート]の画面が表示された

❶[Windows Liveメール]をクリック

❷[次へ]をクリック

次のページに続く

235

9 [フォルダーの参照]の画面を表示する

インポートするメールの保存先を確認する画面が表示された

[参照]をクリック

HINT! Windows 10/8.1にWindows Liveメールをインストールするには

ここで解説している通り、Windows LiveメールからOutlookに移行するときは、古いパソコンのWindows Liveメールのデータを、いったん新しいパソコンのWindows Liveメールに取り込んだ上でOutlookにデータを移行する流れになります。そのため、新しいパソコンにはOutlookだけでなく、Windows Liveメールもインストールしておく必要があります。ただし、Windows 10/8.1にはWindows Liveメールがインストールされていません。Windows EssentialsのWebページからダウンロードしてインストールしましょう。

▼Windows Essentials
http://windows.microsoft.com/ja-jp/windows/essentials

HINT! Outlookのバージョンによっては移行ができないこともある

ここで解説している手順でWindows Liveメールからメールを移行できるのは、Outlook 2016(32ビット)の場合のみです。Outlook 2016(64ビット)を使っている場合はインポートができません。

10 インポートするフォルダーを選択する

[フォルダーの参照]の画面が表示された

ここではUSBメモリーに保存されたフォルダーを選択する

❶[PC]をクリック

パソコンにセットしたUSBメモリーが表示された

❷USBメモリーをクリック
❸エクスポートされたフォルダーをクリック

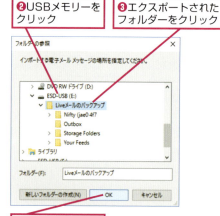

❹[OK]をクリック

11 インポートするフォルダーが選択された

選択したインポートするフォルダー名が表示された

[次へ]をクリック

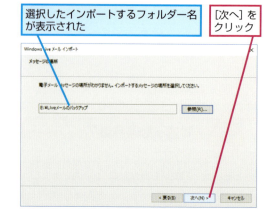

12 インポートするフォルダーを選択する

インポートするフォルダーを選択する画面が表示された

ここではすべてのフォルダーをインポートする

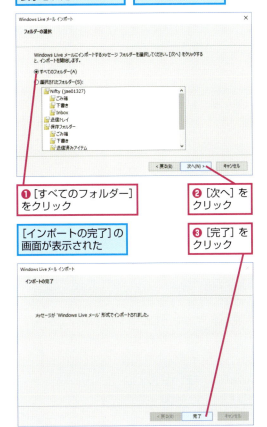

❶ ［すべてのフォルダー］をクリック

❷ ［次へ］をクリック

［インポートの完了］の画面が表示された

❸ ［完了］をクリック

13 Windows LiveメールからOutlook 2016にメールをエクスポートする

Windows 10のWindows Liveメールにメールがインポートされた

インポートされたメールは［インポートされたフォルダー］に表示される

❶ ［ファイル］タブをクリック

❷ ［電子メールのエクスポート］をクリック

❸ ［電子メールメッセージ］をクリック

14 エクスポートするメールの形式を選択する

エクスポートするメールの形式を選択する画面が表示された

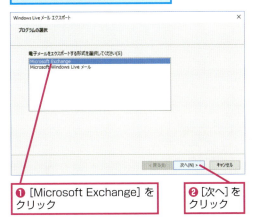

❶ ［Microsoft Exchange］をクリック

❷ ［次へ］をクリック

 間違った場合は？

手順14で［Microsoft Windows Liveメール］を選択して［次へ］ボタンをクリックしてしまった場合は、表示された画面で［戻る］ボタンをクリックし、もう一度［Microsoft Exchange］を選択し直します。

次のページに続く

できる 237

15 メールをエクスポートする

［メッセージのエクスポート］の画面が表示された

❶［OK］をクリック

［プロファイルの選択］の画面が表示された ｜ ここでは設定を変更しない

❷［OK］をクリック

16 インポートするフォルダーを選択する

インポートするフォルダーを選択する画面が表示された ｜ ここでは手順7～12でインポートしたフォルダーを選択する

❶［選択されたフォルダー］をクリック ｜ ❷［インポートされたフォルダー］をクリック

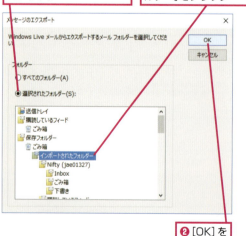

❷［OK］をクリック

17 エクスポートを完了する

［エクスポートの完了］の画面が表示された ｜ ［完了］をクリック

18 Windows LiveメールからOutlook 2016にメールがエクスポートされた

Outlook 2016にインポートされたメールを確認する ｜ Outlook 2016を起動

インポートされたメールは［インポートされたフォルダー］に表示される

付録2　Officeをアップグレードするには

パソコンにOffice Premiumがプレインストールされていれば簡単な手順でOffice 2013からOffice 2016にアップグレードできます。ここではOfficeをアップグレードする手順を解説します。なお、Office 365 Soloの場合も同様の手順でアップグレードできます。

 Microsoft Edgeを起動する

［スタート］メニューを表示しておく

［Microsoft Edge］をクリック

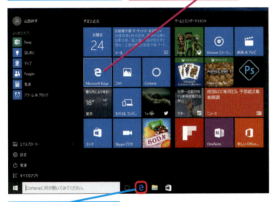

タスクバーのボタンをクリックしてもいい

Microsoft Edgeが起動した

カーソルが表示され、URLが入力できるようになった

 OfficeのWebページを表示する

▼ ［マイアカウント］ページ
http://office.com/myaccount/

❶ ［マイアカウント］ページのURLを入力

❷ Enterキーを押す

 新規にインストールするには

Office 2016はDVDなどのメディアでは提供されません。新しくOffice 2016を購入するには、店頭でプロダクトキーが記載されたPOSAカードを店頭で購入するか、オンラインでダウンロード版を購入します。新たにOffice 2016をパソコンにインストールするには、購入したPOSAカードなどに記載されているセットアップページをWebブラウザーで開きます。プロダクトキーを入力して［はじめに］をクリックすると、手順3と同じ画面が表示されるので、後はここで解説しているように手順を進めばインストールが完了します。

次のページに続く

付録

できる 239

3 サインインを実行する

Officeのサインインのwebページが表示された

❶Microsoftアカウントのメールアドレスを入力

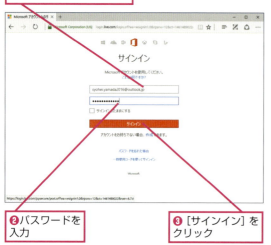

❷パスワードを入力

❸[サインイン]をクリック

4 アップグレードをダウンロードする

再インストールのWebページが表示された

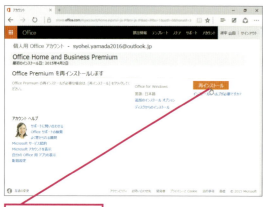

[再インストール]をクリック

[追加のインストールオプション]って何？

初期状態ではOffice 2016の32ビット版がインストールされるようになっています。パソコンにWindows 10/8.1の64ビット版がインストールされている場合は、64ビット版のOffice 2016をインストールすることもできます。64ビット版をインストールしたいときは、以下の手順を参考にインストールします。また、Office 2013をインストールすることも可能です。

再インストールのWebページを表示しておく

[追加のインストールオプション]をクリック

[追加のインストールオプション]のWebページが表示された

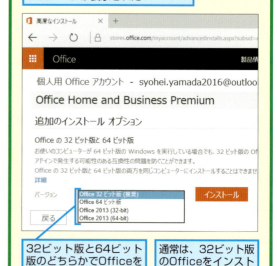

32ビット版と64ビット版のどちらかでOfficeをインストールできる

通常は、32ビット版のOfficeをインストールする

5 アップグレードを実行する

アップグレードファイルのダウンロードに関する通知が表示された

[実行]をクリック

6 アップグレードが開始された

インストールの画面が表示された

HINT! インストールした後は定期的にアプリの更新を確認しよう

Windowsに定期的に更新プログラムが提供されているように、Officeも定期的に更新プログラムが提供されます。インストール後はWindows Updateで新しい更新プログラムが提供されていないか、定期的にチェックして更新するようにしましょう。

7 アップグレードが完了した

[すべて完了です]と表示され、アップグレードが完了した

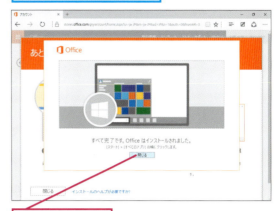

[閉じる]をクリック

8 アップグレードを終了する

手順5の画面が表示された

❶[閉じる]をクリック

Microsoft Edgeを終了する

❷[閉じる]をクリック

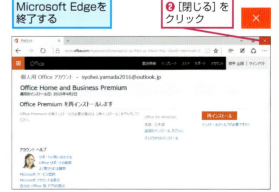

付録

できる | 241

用語集

@（アットマーク）
メールアドレスで、アカウント名と組織名を区切るために使う記号。
→アカウント、メールアドレス

Backstageビュー（バックステージビュー）
Outlookで［ファイル］タブをクリックしたときに表示される画面。アカウントの追加やOutlookの設定変更、ファイルの取り込みなどの操作ができる。
→アカウント

BCC（ビーシーシー）
「Blind Carbon Copy」の略。メールの本来の宛先とは別の宛先に参考として送信する場合に使用する。この場合、本来の宛先には、BCCによって同時に送信した宛先が分からないようになっている。
→メール

CC（シーシー）
「Carbon Copy」の略。メールの本来の宛先とは別の宛先に参考として送信する場合に使用する。この場合、本来の宛先には、CCによって同時に送信した宛先が分かるため、ほかに誰が読んでいるメールか確認できる。
→メール

CSV形式（シーエスブイケイシキ）
CSVは「Comma Separated Value」の略。データ項目をカンマで区切った形式のテキストファイル。

FW:（フォワード）
「Forward」の略。受信したメールをほかの相手に転送するときに、件名の先頭に表示される。「FW:」の表示で、転送メールということが分かる。
→メール

Gmail（ジーメール）
Googleが提供するメールサービス。無料で利用できるのが特長。利用にはGoogleアカウントの取得が必要だが、GoogleアカウントがGmailのメールアドレスとなる。
→Googleアカウント、メール

Googleアカウント（グーグルアカウント）
Googleのクラウドサービスを利用するためのアカウント。取得することで、GmailやGoogleカレンダー、マイマップ、Googleドライブなど各種のサービスを利用できるようになる。
→Gmail、アカウント、クラウド

HTMLメール（エイチティーエムエルメール）
HTMLは「Hyper Text Markup Language」の略。Webページを記述するために使われている言語で、文字の装飾や画像などを配したメールを作成できる。
→メール

iCalendar（アイカレンダー）
日時や場所を含む予定の情報をメールなどに添付してやりとりするためのインターネット標準規格。主にICS形式のファイルが採用されている。
→インターネット、メール

IMAP（アイマップ）
「Internet Message Access Protocol」の略。メールの通信方式の1つ。POPがメールを手元のパソコンにダウンロードする方式であるのに対して、IMAPはサーバーにメールを置いたままで管理するため、複数の機器からの利用に向いている。現在使われているのはIMAP4。
→POP、サーバー、メール

Microsoft Exchange Online（マイクロソフトエクスチェンジオンライン）
マイクロソフトが提供する有料のクラウドメールサービス。Outlookのフル機能をサポートする。無料で利用できるOutlook.comは、Exchangeの機能のうち、メールと予定表、タスクをサポートする。
→Outlook.com、クラウド、タスク、メール、予定表

Microsoft Office（マイクロソフトオフィス）
マイクロソフトが開発しているビジネスアプリの総称。WordやExcel、PowerPoint、OneNote、Outlookなど、エディションによって含まれるアプリが異なる。ビジネス文書作成に関する事実上の標準。
→OneNote

Microsoftアカウント（マイクロソフトアカウント）
Outlook.comやOffice Onlineなどのクラウドサービスを利用できる専用のID。マイクロソフトのWebページなどから無料で取得でき、Outlookや［メール］アプリのメールアカウントとして利用できる。
→Office Online、Outlook.com、クラウド、メール

Office Online（オフィスオンライン）
マイクロソフトが無料で提供しているクラウドサービス。Microsoftアカウントがあれば、Webブラウザー上でOffice文書の閲覧や編集・共有ができる。
→Microsoftアカウント、Webブラウザー、クラウド

OneNote（ワンノート）
メモに特化したOfficeアプリ。ノートブックにセクションを作り、そこにページを追加する形式でメモを残せる。Outlookと連携して相互運用が可能。

Outlook.com（アウトルックドットコム）
マイクロソフトが提供する個人用のクラウドメールサービス。Outlookのデータのうち、メール、予定表、タスクをサーバー上に預かり、複数のパソコンやスマートフォン、タブレットから参照できるようにする。
→クラウド、サーバー、スマートフォン、タスク、タブレット、メール、予定表

Outlookのオプション（アウトルックノオプション）
Outookのさまざまな設定をするための画面。各アイテムについての初期設定やメール形式、メールの送信・受信・返信に関する設定ができる。
→アイテム、メール

POP（ポップ）
「Post Office Protocol」の略。メールサーバーからパソコンにメールをダウンロードする際に使われる方式。現在使われているのはPOP3。IMAPと違い、受信したメールはその機器でしか確認できない。
→IMAP、メールサーバー

RE:（リ）
受信したメールを返信するときに、件名の先頭に表示される。「RE:」の表示で返信メールということが分かる。「～について」という意味。
→メール

SMTP（エスエムティーピー）
「Simple Mail Transfer Protocol」の略。プロバイダーの送信メールサーバーを通じて、メールを送信するための通信方式。
→プロバイダー、メール、メールサーバー

To Doバー（トゥードゥーバー）
予定表、タスク、連絡先という3つのフォルダーの要素を並べ、直近の状況を知ることができる領域。Outlookの画面右側に表示できる。
→タスク、フォルダー、予定表、連絡先

URL（ユーアールエル）
「Uniform Resource Locator」の略。インターネットに接続するコンピューター上の場所を指定するために利用する。Webページのアドレスなどで使われる。
→インターネット

USBメモリー（ユーエスビーメモリー）
パソコンのUSBポートに装着して、ディスクドライブとして使えるフラッシュメモリー。

◆USBメモリー

vCard（ブイカード）
個人情報をやりとりするための、電子名刺ファイル。「.vcf」という拡張子が付く。

Webブラウザー（ウェブブラウザー）
Webページを見るためのアプリ。Windows 10ではMicrosoft Edgeを利用でき、Windows 8.1では、WindowsアプリとデスクトップアプリのInternet Explorerを利用できる。

アイテム
受信したメール、入力した連絡先、予定など、Outlookに登録している個々のデータのこと。
→メール、連絡先

アカウント
パソコンやクラウドサービスを利用する際に、本人を特定するために必要な登録情報。一般的にはIDとパスワードの組み合わせが使われる。IDはメールアドレスの形態をしていることが多い。
→クラウド、メールアドレス

アラーム
予定やタスクを忘れないようにするために、設定された時刻に、音やメッセージなどでユーザーに知らせる機能。
→タスク

◆アラーム

イベント
終日の予定のこと。午前0時から翌日の午前0時までの予定表アイテム。
→アイテム、予定表

色分類項目
特定のキーワードと色を組み合わせ、各アイテムを分類する機能。関連するメールや予定、タスクに同じ色を付けて区別できる。
→アイテム、タスク、メール

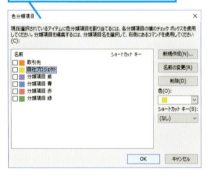
◆[色分類項目]ダイアログボックス

インターネット
全世界のコンピューターをどこからでも利用できるように、ネットワーク同士を結びつけた結果出来上がった、地球規模のネットワークのこと。

インターネット予定表
インターネット上で公開されている予定表情報。一般的にはiCalendar形式（ICSファイル）のデータを一定期間ごとに参照し、購読する形で最新情報を得る。カレンダー共有サービスの多くで利用されている。
→iCalender、インターネット

インデント記号
メールに返信するとき、引用されたメール本文の行頭に表示される記号。一般的に「>」が使われる。
→メール

◆インデント記号

インポート
ファイルからデータを読み込んで、アプリで利用できるデータにすること。逆の操作を「エクスポート」という。
→エクスポート

エクスポート
アプリで作ったデータを、別形式のファイルに出力すること。逆の操作を「インポート」という。
→インポート

閲覧ウィンドウ
選択されているアイテムのウィンドウを開かずに、アイテムの内容を表示するOutlookの領域。ウィンドウの右側や下部に表示できる。
→アイテム

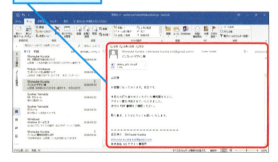
◆閲覧ウィンドウ

オフライン
インターネットに接続されていない状態。逆に、接続されている状態を「オンライン」という。クラウドサービスの場合、オフライン時の作業内容は、オンラインになったときにサービス側に反映される。
→インターネット、クラウド

稼動日
標準では月曜日から金曜日の5日間。予定表を表示して[ホーム]タブの[稼働日]ボタンをクリックすると、当日を含む5日間の予定表が表示される。

カーボンコピー
→CC

カレンダーナビゲーター
予定表を［日］や［週］、［月］のビューで使うとき、フォルダーウィンドウに表示されるカレンダー。このカレンダー上の日付をクリックすると、選択した日付の予定が表示される。
→フォルダーウィンドウ、予定表

◆カレンダーナビゲーター

クイックアクセスツールバー
Officeアプリの編集画面や操作画面で、タイトルバーの左に表示される領域。Outlookでは、［すべてのフォルダーを送受信］ボタンと［元に戻す］ボタンが表示される。よく使う機能のボタンを自分で追加できる。
→フォルダー

クラウド
これまでパソコン上で利用していたデータやアプリの機能をインターネット経由で利用できるようにすること。またそのサービス。コンピューターが複雑に連携したネットワークの概念を表すときに雲のイメージで表されることが多く、「クラウド」と呼ばれるようになった。
→インターネット

グループスケジュール
共有されている他人や会議室の予定表を同時に表示して、メンバーや会議室の空いている時間を調べたり、グループスケジュールから会議召集を行ったりできる。
→予定表

検索フォルダー
検索条件を設定し、条件に合致するアイテムだけを集めて表示できる仮想的なフォルダー。アイテムが移動したりコピーされたりすることはなく、検索条件だけが記憶される。頻繁に検索する条件を保存しておけば、素早く検索結果を確認できる。
→アイテム、フォルダー

個人用フォルダー
Outlookのすべてのデータを保存するためのフォルダー。
→フォルダー

サーバー
サービスを提供するコンピューター。メールの送受信には、メールサーバーが利用される。
→メール、メールサーバー

サインアウト
クラウドサービスやパソコンの利用を終了するときに実行する操作。別のユーザーがサインインして利用できる状態にすること。ログアウトなどと呼ぶこともある。
→クラウド、サインイン

サインイン
あらかじめ登録済みのIDとパスワードを入力し、クラウドサービスやパソコンなどを利用できるようにする操作。ログインやログオンと呼ばれることもある。
→クラウド

削除済みアイテム
削除したアイテムの情報を一時的に保存するために、Outlookに標準で用意されているフォルダー。Windowsのごみ箱のような機能を備えており、アイテムを誤って削除した場合でも、このフォルダーに残っていれば元に戻すことができる。
→アイテム、フォルダー

差出人
メールの送り主、またはその名前。メールアドレスそのものだけではなく、送り主が設定している名前が表示されることもある。
→メール、メールアドレス

下書き
作成中のメールアイテム。または、それらを保管しておくために、Outlookに標準で用意されているフォルダー。
→アイテム、フォルダー、メール

受信トレイ
受信したメールを保管するために、Outlookに標準で用意されているフォルダー。
→フォルダー、メール

署名
自分の名前や会社名、メールアドレスなどを記した、メール本文に挿入する文字列。
→メール

仕分けルール
条件に一致したメールに対して、指定した処理をするための機能。差出人名や件名などを指定し、受信したメールを専用のフォルダーに振り分けられる。
→フォルダー、メール

スタート画面
Windows 10/8.1で、よく使うアプリが四角いタイルで並ぶ画面のこと。アプリの登録もできる。

スマートフォン
サムスンのGALAXYやアップルのiPhoneをはじめとする、AndoroidやiOSといったOSを搭載した新世代の携帯電話。画面をタッチして操作でき、インターネットやメールを楽しめる。さまざまなアプリを追加できることが特長。
→インターネット、メール

スレッド
一連のメールのやりとりをグループ化して表示する機能。Outlookでは直近の同じ件名を持つメールが同一スレッドと見なされる。件名だけで判断するため、誤った分類が起こる可能性もある。
→メール

全員へ返信
メールの差出人と、CCを含む送信先全員に返信するための機能。
→CC、メール

タスク
予定までにしなければいけないことや備忘録を登録したアイテム。または、それらを管理するために、Outlookに標準で用意されているフォルダー。
→アイテム、フォルダー

タッチモード
Outlookに用意された操作モードの1つ。タッチモードに切り替えると、リボンにあるボタンの間隔や項目の行間が広がり、指先で操作しやすくなる。
→リボン

タブ
関連する機能をまとめた項目に表示される見出し。Officeアプリでは、タブの内容はリボンとして表示され、さらにグループに分類され、そこに各種機能がボタンとして配置されている。
→リボン

タブレット
おおむね7インチ以上のタッチパネルを搭載した、タッチ操作専用機器。Androidタブレット、iPad、Windowsタブレットなどがある。タブレットとキーボードを組み合わせた製品は「2-in-1パソコン」と呼ばれることもある。

電子メール
→メール

電子メールアドレス
→メールアドレス

添付ファイル
メールに付けて送るファイルのこと。画像など、ほかのアプリで作ったファイルも送れる。
→メール

ナビゲーションバー
メールや予定表、連絡先、タスクなどOutlookの機能を切り替える領域。ウィンドウサイズや設定によって表示が変わる。
→タスク、メール、予定表、連絡先

パスワード
サインイン時に本人を証明する合言葉のようなもの。本人しか知らない文字や数字を入力することで、サービスやパソコンを利用するユーザーが本人であることを証明する。

半角カタカナ
漢字やひらがなの表記で使われる「全角文字」の横幅を半分にした大きさのカナ文字のこと。同じポイント数の場合、2文字で全角文字1文字分の大きさになる。インターネット上で送受信するメールでは使わない。
→インターネット、メール

ビュー
Outlookのアイテムを画面に表示するときの表示方法。
→アイテム

フィールド
データを表示、または入力する領域のこと。Outlookでは［受信トレイ］の［件名］［受信時刻］［差出人］などのこと。

フィッシング詐欺
クレジットカード会社や銀行などの金融機関を偽ったメールなどを大量に送信し、言葉たくみに悪質サイトに誘導し、クレジットカードの番号を入力させるなどして個人情報を盗む詐欺。
→メール

フォルダー
Outlookのそれぞれのアイテムを保存、管理するところ。［予定表］［タスク］［連絡先］などのフォルダーが標準で用意されている。
→アイテム、タスク、フォルダー、予定表、連絡先

フォルダーウィンドウ
Outlookにおいて、ナビゲーションバーで選択した項目のフォルダーが一覧で表示される領域。
→ナビゲーションバー、フォルダー

フラグ
今日や明日、今週、来週など、アイテムに期限を付け、処理しなければならない作業を喚起する機能。アイテムには旗のアイコンが表示される。
→アイテム

プロバイダー
インターネット接続やメールサービスを提供する事業者。「Internet Service Provider」の頭文字をとって「ISP」とも呼ばれる。光回線などを利用してインターネットに接続するには、回線事業者のほかにプロバイダーとの契約が必要。
→インターネット

メール
コンピューターのネットワークを通じて送受信する、宛名を指定したメッセージのこと。社内だけで使えるものや、インターネット上で外部の人とやりとりできるものなど、いろいろなシステムがある。「電子メール」や「E-mail」（イーメール）ともいう。
→インターネット

メールアドレス
メールの宛先。郵便の住所と同じように、メールアドレスで相手を特定できる。「ユーザー名@組織名」という形態で表す。
→@、メール

メールサーバー
メールの送受信全般を管理するコンピューターのこと。送信用のメールサーバーは「SMTPサーバー」、受信用のメールサーバーは「POPサーバー」という。
→POP、SMTP、メール

迷惑メール
受信者の承諾なしに送りつけられる広告などのメール。「スパムメール」とも呼ばれている。多くは差出人情報が詐称され、発信元を特定できず、社会問題にもなっている。
→差出人、メール

メッセージ
主にメールで送受信される文字データのこと。
→メール

メモ
一時的な文章や、ほかのフォルダーに分類できない内容などを登録したアイテム。または、それらを管理するために、Outlookに標準で用意されているフォルダー。Outlook.comでは同期されない。
→アイテム、フォルダー

優先度
重要度や優先順位の目安となる単位。Outlookには、［低］［標準］［高］の3種類が用意されている。

予定表
予定を登録したアイテム。または、それらを管理するため、Outlookに標準で用意されているフォルダー。
→アイテム、フォルダー

リボン
Officeアプリのウィンドウ上部に表示される領域。タブやグループからボタンや項目を選択して操作する。Windows 10/8.1では、Windows標準の各アプリやエクスプローラーなどにも採用されている。

連絡先
住所や電話番号などの個人情報を登録したアイテム。または、それらを管理するために、Outlookに標準で用意されているフォルダー。
→アイテム、フォルダー

索引

記号・数字
@ ─────────────── 37, 242

アルファベット
Backstageビュー ─────────── 242
BCC ──────────── 57, 167, 242
CC ───────────── 57, 167, 242
CSV形式 ───────────── 171, 242
Exchange Online ────────── 25, 221
Exchange Server ─────────── 221
Exchangeサービス ─────────── 221
FW: ──────────────── 242
Gmail ─────────── 138, 172, 242
Googleアカウント ───────── 138, 242
Googleカレンダー
 Outlookで表示 ─────────── 138
 Outlookへコピー ────────── 140
 限定公開URL ──────────── 138
HTMLメール ──────────── 52, 242
 画像のダウンロード ─────────── 63
iCalendar ─────────── 140, 242
IMAP ──────────── 82, 242
Microsoft Edge
 Outlook.comのWebページ ────── 26
 起動 ────────────────── 26
Microsoft Exchange Online ──── 220, 242
Microsoft Office ──────────── 243
Microsoftアカウント ────────── 25, 243
 取得 ────────────────── 26
 種類 ────────────────── 26
 ユーザー名 ──────────────── 27
Office
 更新 ────────────────── 39
 再インストール ──────────── 39
Office Online ────────────── 243
OneNote ─────────── 177, 190, 243
 Outlookアイテムへのリンク ────── 193
 Outlookタスク ─────────── 194
 オーディオの録音 ──────────── 192
 起動 ────────────────── 190
 終了 ────────────────── 192
Outlook ──────────── 22, 40
 Googleカレンダーの表示 ───────── 138
 Googleカレンダーをコピー ──────── 140
 OneNoteでアイテムを開く ─────── 193
 OneNoteと連携 ─────────── 177
 Outlook用CSV形式 ────────── 172
 新しいウィンドウで開く ──────── 203
 起動 ────────────────── 30
 終了 ────────────────── 46

 初期設定 ──────────────── 36
 スタート画面にピン留めする ──────── 32
 タスクバーにピン留めする ─────── 30, 33
 タスクバーに登録する ─────────── 34
 古いパソコンからメールを引き継ぐ ──── 229
Outlook.com ──────────── 25, 243
 Webページの表示 ──────────── 26
 アカウントの追加 ─────────── 36
 プロバイダーのメール ─────────── 24
Outlook Today ───────────── 215
Outlookのオプション ───────── 52, 243
POP ──────────── 83, 243
RE: ──────────────── 243
SMTP ─────────────── 243
To Doバー ───────── 40, 145, 146, 243
 順序の変更 ──────────────── 198
 並べ替え ──────────────── 200
 幅の調整 ──────────────── 201
 ビューの設定 ────────────── 200
 表示 ────────────────── 198
 ポップアップ ────────────── 202
 列の表示 ──────────────── 200
URL ──────────── 68, 243
USBメモリー ─────────────── 243
vCard ─────────── 173, 243
Webブラウザー ─────────────── 243
Webメール ──────────────── 36
Windows Liveメール ───────── 235, 236

ア
アイテム ──────── 42, 176, 243
アカウント ──────────── 243
 既定に設定 ──────────────── 85
 変更 ────────────────── 85
アカウントの追加 ──────────── 36
 Outlook ──────────────── 36
 Webメール ──────────────── 36
 ドコモメール ────────────── 86
 プロバイダーのメール ──────────── 82
アカウント名 ──────────── 37
アクセス権 ──────────── 223
新しい電子メール ─────────── 56
新しいフォルダーの作成 ─────── 94
宛先 ────────────── 56
 複数の人に設定 ───────── 57, 167, 168
アラーム ─────────── 148, 244
 解除 ────────────────── 122
 既定値 ──────────────── 122
 再通知 ──────────────── 148
 削除 ────────────────── 148

設定	146	クイック操作	179
[一覧] ビュー	119	クラウド	25, 245
イベント	244	グループスケジュール	226, 245
新しい予定	128	グループヘッダー	
期間の延長	129	サイズ	100
週をまたぐイベント	128	差出人	100
登録	128	添付ファイル	100
色分類項目	92, 106, 244	未読	100
祝日	132	[現在のビュー] グループ	145
予定	123	検索	
印刷	74	関連アイテムの検索	102
インターネット	244	高度な検索	108
インターネット予定表	138, 140, 244	最近検索した語句	134
インデックス	105	特定の文字	104
インデント	53	予定	134
インデント記号	244	検索ツール	104, 108
インポート	170, 244	検索フォルダー	110, 245
CSV形式のファイル	171	削除	111
Gmailの連絡先	172	検索ボックス	104, 134
vCardファイル	171, 173	件名	57
古いパソコンのメール	235	仕分けルール	96
ほかのアプリの連絡先	170	個人用フォルダー	245
エクスポート	170, 244	コピー	68
Outlook 2007	229	コマンド	212
Windows Liveメール	233	コラボレーション	220
閲覧ウィンドウ	40, 51, 244		
非表示	204	**サ**	
表示の変更	62	サーバー	83, 84, 245
[お気に入り] フォルダー	51, 90	サインアウト	245
オフライン	244	サインイン	245
		削除	80
カ		削除済みアイテム	80, 245
カーボンコピー	245	差出人	245
会議出席依頼	186, 226	Mail Delivery Subsystem	60
Outlook以外での返答	188	Outlookの連絡先に追加	183
辞退	188, 227	差出人からのメッセージ	103
承諾	188, 227	受信拒否リスト	76
返答	187	昇順	100
会議のメモ	190, 192	信頼できる差出人のリスト	79
稼働日	244	サブドメイン名	37
[稼働日] ビュー	114	下書き	58, 245
カレンダーナビゲーター	115, 245	[週] ビュー	114
表示	116	重要度	58
起動		祝日	
Microsoft Edge	26	色分類項目	
OneNote	190	暦の表示	
Outlook	30	削除	
共有	220	追加	
予定表	222	受信拒否リスト	
クイックアクセスツールバー	40, 245	受信トレイ	
タッチ/マウスモードの切り替え	216	初期設定	
ボタンの削除	210	署名	
ボタンの追加	210	設定	

使い分け ……………………………………… 55
仕分けルール ────────────── 96, 245
　　削除 ……………………………………………… 99
　　自動仕分けウィザード ……………………… 98
　　順序の入れ替え ……………………………… 98
　　仕分けルールと通知の管理 ………………… 96
ズームスライダー ───────────────40
スタート画面 ──────────────── 246
ステータスバー ─────────────40, 51
スマートフォン ──────────────── 246
スレッド ─────────────── 102, 246
全員へ返信 ────────────────── 246
送受信 ────────────────────60
　　更新頻度の変更 ……………………………… 61
送信 ─────────────────── 56, 166
送信済みアイテム ─────────────50, 59
送信トレイ ────────────────── 50

タ

タイトルバー ──────────────── 40
タスク ────────────── 144, 176, 246
　　Outlookタスク ……………………………… 194
　　新しいタスク …………………………… 146, 154
　　アラーム ……………………………………… 148
　　色の変更 ……………………………………… 152
　　コンパクトモードの最大行数 …………… 201
　　進捗状況 ……………………………………… 150
　　定期的なアイテム …………………………… 154
　　表示順の変更 ………………………………… 153
　　編集 …………………………………………… 152
　　メールをタスクに変換 ……………………… 178
　　予定をタスクに変換 ………………………… 184
[タスク]ウィンドウ ──────────── 152
タスクリスト ──────────────── 151
タッチモード ─────────────216, 246
　　マウスモード ………………………………… 217
タブ ──────────────────── 246
タブレット ───────────────── 246
[月]ビュー ──────────────── 114
テキスト形式 ──────────────── 52
電子メール ───────────────── 246
電子メールアドレス ─────────────246
電子メールのフィルター処理 ────────106
添付ファイル ──────────────66, 246
　　内容の確認 …………………………………… 70
　　開けない ……………………………………… 72
　　保存 …………………………………………… 72
　　予定情報 ……………………………………… 186
ドコモメール ──────────────── 86
ドメイン名 ──────────────────37

ナ

ナビゲーションオプション ─────────202
ナビゲーションバー ─────────── 40, 246
　　フォルダー名の表示 ………………………… 202
　　ボタンの並べ替え …………………………… 202
並べ替え ────────────────── 100

ハ

パスワード ─────────────── 27, 246
貼り付け ─────────────────── 68
半角カタカナ ──────────────── 246
ひな形 ──────────────────── 54
[日]ビュー ──────────────── 114
ビュー ─────────── 40, 42, 51, 115, 145, 246
　　一覧 …………………………………………… 169
　　管理 …………………………………………… 206
　　現在のビュー設定 …………………………… 206
　　削除するビュー ……………………………… 207
　　使用条件 ……………………………………… 206
　　ビューのコピー ……………………………… 207
　　ビューの設定 ………………………………… 200
　　ビューの変更 …………………………… 119, 208
　　ビューのリセット ……………………… 205, 208
　　保存 …………………………………………… 206
　　名刺 …………………………………………… 168
[表示形式]グループ ──────────── 115
ファイルの添付 ─────────────── 66
フィールド ────────────── 204, 247
　　一覧に追加 …………………………………… 108
　　削除 …………………………………………… 204
　　追加 …………………………………………… 205
　　日付 …………………………………………… 108
　　表示順の変更 ………………………………… 205
　　表示幅の自動調整 …………………………… 204
フィッシング詐欺 ───────────── 247
フォルダー ───────────── 40, 42, 247
　　Outlook Today ……………………………… 215
　　作成 …………………………………………… 94
　　名前の変更 …………………………………… 94
　　メールの仕分け ……………………………… 98
フォルダーウィンドウ ──────────40, 247
フラグ ────────────────92, 247
プロバイダー ──────────────── 247
プロバイダーのメール ────────── 37, 82
返信 ───────────────────── 64
本文 ───────────────────── 57

マ

マウスモード ─────────────── 217
メール ─────────────────── 247
　　URLの共有 …………………………………… 68
　　印刷 …………………………………………… 74

削除	80
送受信	60
タスクに変換	178
予定に変換	180
連絡先に変換	182
メールアドレス	37, 247
メールサーバー	247
迷惑メール	76, 247
迷惑メールではないメール	78
メッセージ	247
作成	56
送信	58
ファイルの添付	66
返信	64
メモ	43, 247

ヤ

ユーザー名	27
優先度	247
予定表	114, 176, 247
Outlook Today	215
アクセス権	223
新しい定期的な予定	126
新しい予定	120, 136
一覧で表示	119
色分類項目の設定	123
インターネット予定表	140
会議出席依頼	186
会議のメモ	190
重ねて表示	136
カレンダーナビゲーター	115
共有	220, 222, 224
グループスケジュール	226
検索	134
暦の表示	131
左右に並べて表示	137
指定した日数分の表示	119
週の最初の曜日を設定	121
祝日の追加	130
タスクに変換	184
追加	136
定期的な予定	126
日付の変更	124
［表示形式］グループ	115
メールを予定に変換	180
予定の削除	125
予定の編集	124

ラ

リボン	40, 44, 51, 115, 145, 247
アイコンの選択	213
クイックアクセスツールバーに追加	210

タブやグループの位置の変更	214
ボタンの削除	213
ボタンの追加	212
リンク	
OneNoteのタスク	195
Outlookアイテムへのリンク	193
リンクを共有	68
連絡先	247
新しい連絡先	160
インポート	170
エクスポート	170
簡易編集画面	164
削除	163
登録	160
ビューの変更	168
表示名の変更	161
表題の変更	161
フリガナ	160
保存して新規作成	162
メールを連絡先に変換	182
連絡先の写真の追加	162
連絡先の転送	173
録音	192

できるサポートのご案内

できるシリーズの書籍の記載内容に関する質問を下記の方法で受け付けております。

電話 | **FAX** | **インターネット** | **封書によるお問い合わせ**

質問の際は以下の情報をお知らせください

①書籍名、ページ
②書籍の裏表紙にある**書籍サポート番号**
③お名前 ④電話番号
⑤質問内容（なるべく詳細に）
⑥ご使用のパソコンメーカー、機種名、使用OS
⑦ご住所 ⑧FAX番号 ⑨メールアドレス

※電話での質問の際は①から⑤までをお聞きします。
電話以外の質問の際にお伺いする情報については
下記の各サポートの欄をご覧ください。

※上記の場所にサポート番号が記載されていない書籍はサポート対象外です。ご了承ください。

質問内容について

サポートはお手持ちの書籍の記載内容の範囲内となります。下記のような質問にはお答えしかねますのであらかじめご了承ください。

- 書籍の記載内容の範囲を超える質問
  書籍に記載されている手順以外のご質問にはお答えできない場合があります。
- 対象外となっている書籍に対する質問
- ハードウェアやソフトウェア自体の不具合に対する質問
  書籍に記載されている動作環境と異なる場合、適切なサポートができない場合があります。
- インターネットの接続設定、メールの設定に対する質問
  直接、入会されているプロバイダーまでお問い合わせください。

サービスの範囲と内容の変更について

- 本サービスは、該当書籍の奥付に記載されている最新発行年月日から5年を経過した場合、もしくは該当書籍が解説する製品またはサービスの提供会社が、製品またはサービスのサポートを終了した場合は、ご質問にお答えしかねる場合があります。
- 本サービスは、都合によりサービス内容・サポート受付時間などを変更させていただく場合があります。あらかじめご了承ください。

電話サポート 0570-000-078（東京）/ 0570-005-678（大阪）
（月～金 10：00～18：00、土・日・祝休み）

- サポートセンターでは質問内容の確認のため、最初に**書籍名、書籍サポート番号、ページ数、レッスン番号**をお伺いします。
  そのため、ご利用の際には**必ず対象書籍をお手元にご用意ください。**
- サポートセンターでは確認のため、お名前・電話番号をお伺いします。
- 多くの方からの質問を受け付けられるよう、1回の質問受付時間をおよそ15分までとさせていただきます。
- 質問内容によってはその場で答えられない場合があります。あらかじめご了承ください。
  ※本サービスは、東京・大阪での受け付けとなります。**東京・大阪までの通話料はお客様負担となります**ので、あらかじめご了承ください。
  ※海外からの国際電話、PHS・携帯電話、一部のIP電話などではご利用いただけません。

FAXサポート 0570-000-079（24時間受付、回答は2営業日以内）

- 必ず上記、①から⑧までの情報をご記入ください。（※メールアドレスをお持ちの方は⑨まで）
  ○A4用紙推奨。記入漏れがあると、お答えしかねる場合がございますのでご注意ください。
- 質問の内容が分かりにくい場合はこちらからお問い合わせする場合もございます。ご了承ください。
  ※インターネットからFAX用質問フォームをダウンロードできます。 http://book.impress.co.jp/support/dekiru/
  ※海外からの国際電話、PHS・携帯電話、一部のIP電話などではご利用いただけません。

インターネットサポート http://book.impress.co.jp/support/dekiru/ （24時間受付、回答は2営業日以内）

- インターネットでの受付はホームページ上の専用フォームからお送りください。

封書によるお問い合わせ
（回答には郵便事情により数日かかる場合があります）

〒101-0051
東京都千代田区神田神保町一丁目105番地
株式会社インプレス できるサポート質問受付係

- 必ず上記、①から⑦までの情報をご記入ください。 （※FAX、メールアドレスをお持ちの方は⑧または⑨まで）
  ○記入漏れがあると、お答えしかねる場合がございますのでご注意ください。
- 質問の内容が分かりにくい場合はこちらからお問い合わせする場合もございます。ご了承ください。
  ※アンケートはがきによる質問には応じておりません。ご了承ください。

本書を読み終えた方へ
できるシリーズのご案内

※1：当社調べ　※2：大手書店チェーン調べ

Office 関連書籍

できるWord 2016
Windows 10/8.1/7対応

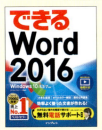

田中 亘 &
できるシリーズ編集部
定価：本体1,140円+税

基本的な文書作成はもちろん、写真や図形、表を組み合わせた文書の作り方もマスターできる！はがき印刷やOneDriveを使った文書の共有も網羅。

できるExcel 2016
Windows 10/8.1/7対応

小舘由典 &
できるシリーズ編集部
定価：本体1,140円+税

レッスンを読み進めていくだけで、思い通りの表が作れるようになる！関数や数式を使った表計算やグラフ作成、データベースとして使う方法もすぐに分かる。

できるPowerPoint 2016
Windows 10/8.1/7対応

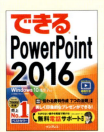

井上香緒里 &
できるシリーズ編集部
定価：本体1,140円+税

スライド作成の基本を完全マスター。発表時などに役立つテクニックのほか、「見せる資料作り」のノウハウも分かる。この本があればプレゼンの準備は万端！

できるWord&Excel 2016
Windows 10/8.1/7対応

田中 亘・小舘由典 &
できるシリーズ編集部
定価：本体1,980円+税

文書作成と表計算の基本を1冊でマスター！WordとExcelのデータ連携のほか、OneDriveを活用した文書の作成と共有方法を詳しく解説。

Windows 関連書籍

できるWindows 10

法林岳之・一ヶ谷兼乃・
清水理史 &
できるシリーズ編集部
定価：本体1,000円+税

生まれ変わったWindows 10の新機能と便利な操作をくまなく紹介。詳しい用語集とQ&A、無料電話サポート付きで乗り換えも安心！

できるWindows 10 活用編

清水理史 &
できるシリーズ編集部
定価：本体1,480円+税

タスクビューや仮想デスクトップなどの新機能はもちろん、Windows 7/8.1からのアップグレードとダウングレードを解説。セキュリティ対策もよく分かる！

できるWindows 10 パーフェクトブック 困った！&便利ワザ大全

広野忠敏 &
できるシリーズ編集部
定価：本体1,480円+税

Windows 10を使いこなす基本操作や活用テクニック、トラブル解決の方法を大ボリュームで解説。手元に置きたい安心の1冊！

読者アンケートにご協力ください！

http://book.impress.co.jp/books/1115101136

このたびは「できるシリーズ」をご購入いただき、ありがとうございます。
本書はWebサイトにおいて皆さまのご意見・ご感想を承っております。
気になったことやお気に召さなかった点、役に立った点など、
皆さまからのご意見・ご感想をお聞かせいただき、
今後の商品企画・制作に生かしていきたいと考えています。
お手数ですが以下の方法で読者アンケートにご回答ください。
ご協力いただいた方には抽選で毎月プレゼントをお送りします！

※プレゼントの内容については、「CLUB Impress」のWebサイト
（http://book.impress.co.jp/）をご確認ください。

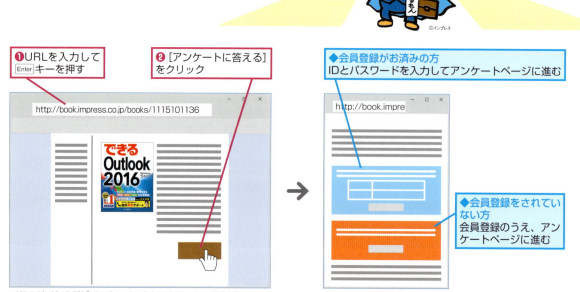

※Webサイトのデザインやレイアウトは変更になる場合があります。

アンケートに初めてお答えいただく際は、「CLUB Impress」（クラブインプレス）にご登録いただく必要があります。読者アンケートに回答いただいた方より、毎月抽選でVISAギフトカード（1万円分）や図書カード（1,000円分）などをプレゼントいたします。なお、当選者の発表は賞品の発送をもって代えさせていただきます。

 本書の内容に関するお問い合わせは、無料電話サポートサービス「できるサポート」をご利用ください。詳しくは252ページをご覧ください。

■著者

山田祥平（やまだ しょうへい）

1957年に福井県で生まれる。フリーランスライター。独特の語り口で、パソコン関連記事を各紙誌や「PC Watch」（Impress Watch）などのWebメディアに寄稿。パソコンに限らず、スマートフォンやタブレットといったモバイル機器についても精力的に執筆しており、スマートライフの浸透のために、さまざまなクリエイティブ活動を行っている。主な著書に『仕事ができる人はなぜレッツノートを使っているのか?』（朝日新聞出版）、『できるOutlook 2013 Windows 8.1/8/7対応』（インプレス）などがある。

Twitter：http://twitter.com/syohei/

STAFF

本文オリジナルデザイン	川戸明子
シリーズロゴデザイン	山岡デザイン事務所<yamaoka@mail.yama.co.jp>
カバーデザイン	ドリームデザイングループ 株式会社ボンド
カバーモデル写真	©taka - Fotolia.com
本文イメージイラスト	廣島　潤
本文テクニカルイラスト	松原ふみこ・福地祐子
DTP制作	株式会社トップスタジオ・町田有美・田中麻衣子
編集協力	株式会社トップスタジオ・瀧坂　亮
デザイン制作室	今津幸弘<imazu@impress.co.jp>
	鈴木　薫<suzu-kao@impress.co.jp>
制作担当デスク	柏倉真理子<kashiwa-m@impress.co.jp>
編集	安福　聰<yasufuku@impress.co.jp>
編集長	柳沼俊宏<yaginuma@impress.co.jp>
オリジナルコンセプト	山下憲治

本書は、Outlook 2016を使ったパソコンの操作方法について2016年4月時点での情報を掲載しています。紹介しているハードウェアやソフトウェア、各種サービスの使用方法は用途の一例であり、すべての製品やサービスが本書の手順と同様に動作することを保証するものではありません。
本書の内容に関するご質問は、252ページに記載しております「できるサポートのご案内」をよくお読みのうえ、お問い合わせください。なお、本書発行後に仕様が変更されたハードウェアやソフトウェア、各種サービスの内容等に関するご質問にはお答えできない場合があります。また、以下のご質問にはお答えできませんのでご了承ください。
・書籍に掲載している操作以外のご質問
・書籍で取り上げているハードウェア、ソフトウェア、各種サービス以外のご質問
・ハードウェアやソフトウェア、各種サービス自体の不具合に関するご質問
本書の利用によって生じる直接的、または間接的な被害について、著者ならびに弊社では一切の責任を負いかねます。あらかじめご了承ください。

●落丁・乱丁本はお手数ですがインプレスカスタマーセンターまでお送りください。送料弊社負担にてお取り替えさせていただきます。但し、古書店で購入されたものについてはお取り替えできません。

■読者の窓口
インプレスカスタマーセンター
〒101-0051　東京都千代田区神田神保町一丁目105番地
TEL　03-6837-5016　／　FAX　03-6837-5023
info@impress.co.jp

■書店／販売店のご注文窓口
株式会社インプレス 受注センター
TEL　048-449-8040　／　FAX　048-449-8041

できるOutlook 2016　Windows 10/8.1/7対応

2016年5月21日　初版発行

著　者　山田祥平＆できるシリーズ編集部

発行人　土田米一

編集人　高橋隆志

発行所　株式会社インプレス
　　　　〒101-0051　東京都千代田区神田神保町一丁目105番地
　　　　TEL　03-6837-4635（出版営業統括部）
　　　　ホームページ　http://book.impress.co.jp/

本書は著作権法上の保護を受けています。本書の一部あるいは全部について（ソフトウェア及びプログラムを含む）、株式会社インプレスから文書による許諾を得ずに、いかなる方法においても無断で複写、複製することは禁じられています。

Copyright © 2016 Syohei Yamada and Impress Corporation. All rights reserved.

印刷所　図書印刷株式会社
ISBN978-4-8443-8062-7　C3055

Printed In Japan